Altes und Neues aus der Geometrie

Eike Hertel

Altes und Neues aus der Geometrie

Elementare Diskrete Geometrie

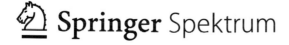 Springer Spektrum

Eike Hertel
Großlöbichau, Thüringen, Deutschland

ISBN 978-3-662-64610-6   ISBN 978-3-662-64611-3   (eBook)
https://doi.org/10.1007/978-3-662-64611-3

Die Deutsche Nationalbibliothek verzeichnet diese Publikation in der Deutschen Nationalbibliografie;
detaillierte bibliografische Daten sind im Internet über http://dnb.d-nb.de abrufbar.

Planung/Lektorat: Annika Denkert
Springer Spektrum ist ein Imprint der eingetragenen Gesellschaft Springer-Verlag GmbH, DE und ist
ein Teil von Springer Nature.
Die Anschrift der Gesellschaft ist: Heidelberger Platz 3, 14197 Berlin, Germany

Für Herma

Vorwort

Vor einiger Zeit wurde ich gebeten, an einem Gymnasium im Rahmen einer „Woche der Wissenschaft" einen für Schüler verständlichen Vortrag aus meinem Arbeitsgebiet zu halten. Als meine positive Antwort mit dem Vorschlag, etwas über elementare Diskrete Geometrie zu berichten, bei den Mathematiklehrern eintraf war die Verunsicherung groß: Keiner der Kollegen wusste mit dem Begriff „Diskrete Geometrie" etwas anzufangen (das ist eigentlich auch nicht verwunderlich, denn der Anteil des Geometriestoffs am ohnehin reduzierten Stundenvolumen für den Mathematikunterricht an den Gymnasien nicht nur in Deutschland ist in den letzten Jahrzehnten stark gesunken – in Thüringen z. B. von 31 % im Jahr 1960 auf 12 % im Jahr 2000 in den Klassenstufen 9–12). Diese Erfahrung ist der Anlass für dieses Buch. Es wendet sich in erster Linie an Mathematiklehrer, aber auch an Dozenten und an Studenten (insbesondere des Lehramtes) in den ersten Semestern und auch an Schüler der Sekundarstufe. Für die Letzteren sind die einführenden bzw. wiederholenden Ausführungen über Analytische Geometrie und z. B. den Gruppenbegriff am Anfang gedacht. Damit kann das Buch ohne weitere Vorkenntnisse gelesen werden.

Das Buch ist in 5 Kapitel gegliedert, die unabhängig voneinander gelesen oder behandelt werden können. Sie orientieren sich jeweils zunächst an einem klassischen griechischen Problem und schlagen dann eine Brücke zu modernen Interpretationen desselben. Diese Kapitel entsprechen einzelnen Vorträgen, die der Autor mehrfach vor Schülern mit guter Resonanz gehalten hat. Die etwas umfangreichen Literaturangaben haben unterschiedlichen Charakter. Einmal handelt es sich natürlich um die Quellenangaben für im Buch zitierte Texte. Ferner werden einige Bücher empfohlen für weiterführende Studien zu einzelnen Themen und historische Quellen angegeben. In jedem Kapitel werden offene Probleme formuliert, die Gegenstand der aktuellen Forschung sind.

Es ist ein mehrfach beklagter Mangel der Schulbildung, dass dort die Diskrete Mathematik und eben auch die Diskrete Geometrie so gut wie keine Rolle spielen, obwohl diese Gebiete heute in den Anwendungen von fundamentaler Bedeutung sind. Der Autor hofft, diesem Mangel etwas entgegenwirken zu können.

Jena
im Oktober 2021

Eike Hertel

Inhaltsverzeichnis

Symbolverzeichnis

$\in$	Element von
$\cap$	Durchschnitt von Mengen
$\cup$	Vereinigung von Mengen
$\emptyset$	leere Menge
$\subseteq$	Teilmenge
2^A	Potenzmenge von A
$\times$	kartesisches Produkt
$|A|$	Anzahl der Elemente der Menge A
∞	unendlich
$\exists$	es existiert mindestens ein
$\exists!$	es existiert höchstens ein
$\exists!!$	es existiert genau ein
$\forall$	für alle
$\Rightarrow$	wenn … so
$\wedge$	logisches und
$\vee$	logisches oder
$\mathbb{N}$	Menge der natürlichen Zahlen
$\mathbb{N}^*$	Menge der natürlichen Zahlen ohne 0
$\mathbb{Z}$	Menge der ganzen Zahlen
$\mathbb{Q}$	Menge der rationalen Zahlen
$\mathbb{R}$	Menge der reellen Zahlen
$\mathbb{C}$	Menge der komplexen Zahlen
$\mathbb{K}_p$	endlicher Körper mit p Elementen
$\mathbb{R}^n$	n-dimensionaler reeller euklidischer Raum
$\mathbb{Z}^n$	n-dimensionales Standardgitter
$:\Leftrightarrow$	genau dann per Definition

:=	per Definition gleich
$\mathbf{B_2}$	Menge (Gruppe) aller ebenen Bewegungen
$\mathbf{H_2}$	Gruppe der ebenen Ähnlichkeitsabbildungen
$\mathbf{S}_A$	Menge aller Transformationen der Menge A
$\mathbf{T_2}$	Menge (Gruppe) aller ebenen Translationen
$\delta_\alpha(Z)$	Drehung mit Zentrum Z und Drehwinkel α
σ_g	Spiegelung an der Geraden g
σ_Z	Spiegelung am Punkt Z
$\circ$	Hintereinanderausführung von Abbildungen
ι	identische Abbildung einer Menge auf sich
$K_\varepsilon^n(z)$	n-dim. Kugel vom Radius ε mit Mittelpunkt z
$K_\varepsilon^{o,n}(z)$	offene Kugel
int M	Menge der inneren Punkte von M
bd M	Menge der Randpunkte von M
$g(AB)$	Gerade durch die Punkte A, B
$\parallel$	parallel
$U < G$	U ist Untergruppe von G
(R, d)	metrischer Raum R mit der Metrik d
$d(x, y)$	Abstand von x und y in der Metrik d
$d_e(X, Y)$	euklidische Metrik
$d_0(x, y)$	diskrete Metrik
$n!$	n Fakultät
AB	Strecke mit den Endpunkten A und B
AB^+	Strahl mit dem Anfangspunkt A in Richtung B
$\|AB\| = l(AB)$	Länge der Strecke AB
$\triangle ABC$	Dreieck mit den Eckpunkten A, B, C
(V, E)	Graph mit Knotenmenge V und Kantenmenge E
conv($\mathcal{M}$)	konvexe Hülle der Menge $\mathcal{M}$
vert (P)	Menge der Eckpunkte des Polytops P
$\prec$	eckentreu eingebettet
S_r^d	reguläres d-Simplex der Kantenlänge r
E^n	Menge der 0-1-Folgen der Länge n
$\oplus$	Addition in E^n
W_1^n	n-dimensionaler Koordinateneinheitswürfel

h	Hammingabstand
$T(E^n)$	Gruppe der Translationen in E^n
$P(E^n)$	Gruppe der Koordinatenvertauschungen in E^n
$\mathrm{Isom}(E^n)$	Gruppe der Isometrien in E^n
$\cong$	kongruent
$\simeq$	ähnlich
$\overset{t}{=}$	translationsgleich
$\overset{z}{=}$	zerlegungsgleich
$\overset{tz}{=}$	tranlativ zerlegungsgleich
$\overset{z\ddot{a}}{=}$	zerlegungsähnlich
$\mathbf{E}$	Menge der Elementarmengen
$\overset{ez}{=}$	verallg. elementare Zerlegungsgleichheit
$\overset{\infty t}{\cong}$	abzählbar translativ zerlegungsgleich
$\overset{dz}{=}$	disjunkt zerlegungsgleich
$\{p, q\}$	Symbol regulärer Pflasterungen
$S_*(\mathcal{P})$	Zerlegungsspektren von $\mathcal{P}$
δ_*^*	Packungsdichten
ϑ_*^*	Überdeckungsdichten

Parallelenproblem – Endliche Geometrien

1.1 Einige Grundbegriffe – Was ist (Diskrete) Geometrie?

Zur modernen Geometrie gehören heute sehr viele relativ selbständige Teilgebiete, so dass eine alles erfassende Definition der Geometrie sehr schwierig ist. Abgesehen von den klassischen Teilgebieten wie Analytische Geometrie, Projektive Geometrie oder Darstellende Geometrie sind das die zum Teil noch jungen Teildisziplinen wie z. B. die nichteuklidischen Geometrien, die Differentialgeometrie auf Mannigfaltigkeiten, Integralgeometrie, Algebraische Geometrie, Konvexgeometrie, Computergeometrie und eben auch die Diskrete Geometrie.

Die ältesten schriftlichen Belege für die Beschäftigung der Menschheit mit Geometrie finden sich auf den Tontafeln Mesopotamiens, wie etwa der Stadtplan von Nippur auf einer Tontafel aus dem 2. Jahrtausend v. Chr., die sich heute in der Hilprecht-Sammlung der Friedrich-Schiller-Universität Jena befindet, und vor allem in den altägyptischen Papyri, etwa dem Papyrus Rhind, dem „Rechenbuch des Ahmes", ebenfalls aus dem 2. Jahrtausend v. Chr., das sich im Britischen Museum in London befindet. Der Stadtplan von Nippur kann als einer der ältesten Belege der Darstellenden Geometrie (senkrechte Parallelprojektion) angesehen werden. Der Papyrus Rhind zeigt, dass die Geometrie im alten Ägypten ausschließlich für die Lösung praktischer Probleme genutzt wurde, für das Messen von Längen, Flächen und Rauminhalten, ganz im Sinne der Wortbedeutung Geometrie = Erdmessung. Obwohl das Wort „Geometrie" aus dem Griechischen stammt, wurde gerade im antiken Griechenland auf praktische Anwendungen der Geometrie kaum Wert gelegt. Die Geometrie wurde nach der strengen wissenschaftlichen Methode der Axiomatik betrieben – damit wurde die Geometrie zur „Mutter der Mathematik". Das über zweitausend Jahre gültige Standardwerk für die klassische Geometrie, die „Elemente" des Euklid (1935–1937), fasst Geometrie auf als die Gesamtheit der Begriffe und Sätze, die sich mit strenger Logik aus einem geeignetem Axiomensystem entwickeln lassen. Das wird im Abschn. 1.2 genauer dargestellt.

E. Hertel, *Altes und Neues aus der Geometrie*,
https://doi.org/10.1007/978-3-662-64611-3_1

Die heute übliche Definition der *Geometrie* geht zurück auf Felix Klein, der im Jahre 1872 eine Antrittsvorlesung an der Universität Erlangen hielt mit dem Thema „Vergleichende Betrachtungen über neuere geometrische Forschungen". Seine darin gegebene Klassifikation der verschiedenen Geometrien wird deshalb auch als „Erlanger Programm" bezeichnet. Es heißt dort: *„Es ist eine Mannigfaltigkeit und in derselben eine Transformationsgruppe gegeben; man soll die der Mannigfaltigkeit angehörigen Gebilde hinsichtlich solcher Eigenschaften untersuchen, die durch die Transformationen der Gruppe nicht geändert werden."* (Klein 1893, S. 67). Vereinfacht heißt das: Geometrie ist die Invariantentheorie einer Transformationsgruppe auf einer Menge. Etwas abstrakter kann Geometrie also aufgefasst werden als ein geordnetes Tripel (R, M, G) von einer Menge R (dem Raum), deren Elemente Punkte heißen, einem ausgezeichneten System M von Teilmengen von R (den „Gebilden") und einer Transformationsgruppe G, die auf R wirkt und die Objekte aus M invariant lässt, d. h. wieder auf Objekte aus M abbildet. Für die elementare ebene euklidische Geometrie etwa ist R die Menge der Punkte in der Ebene, M die Menge der Geraden und G die Gruppe $\mathbf{B_2}$ aller Bewegungen (Translationen, Drehungen und Geradenspiegelungen). Ebene Geometrie treiben bedeutet dann mit Felix Klein, nach weiteren Objekten bzw. Eigenschaften derselben zu suchen, die sich bei diesen Abbildungen nicht ändern (invariant sind). Das ist z. B. die Parallelität von Geraden, die Länge von Strecken, der Flächeninhalt usw. Eine Geometrie (R, M, G) heiße dann *diskret,* wenn einer der drei Bestandteile, der Raum R, die Objektmenge M oder die Gruppe G, diskret ist. Diese Begriffe müssen nun erklärt werden. Zunächst zu dem grundlegenden algebraischen Strukturbegriff der *Gruppe*.

Definition 1.1.1. *Eine **Gruppe** $(G, *)$ ist ein Paar aus einer Menge G und einer zweistelligen Operation $*$ auf G, d. h. einer (eindeutigen) Abbildung der Menge $G \times G$ aller geordneten Paare von Elementen aus G in die Menge G mit folgenden Eigenschaften:*

(1) Für alle Elemente x, y, z aus G gilt $x * (y * z) = (x * y) * z$ (Assoziativgesetz);
(2) Es existiert ein Element n in G mit $n * x = x * n = x$ für alle x aus G
  (Existenz eines neutralen Elementes);
(3) Zu jedem Element x aus G existiert ein Element x^{-1} in G mit
  $x * x^{-1} = x^{-1} * x = n$ (Existenz inverser Elemente).

*Die Gruppe heißt **endlich,** wenn die Menge G endlich ist. Die Anzahl der Elemente in G heißt dann **Ordnung** der Gruppe.*

Bei dieser Gelegenheit sollen einige Symbole eingeführt werden, die uns mathematische Sachverhalte eleganter und klarer beschreiben lassen. Zunächst die *Elementbeziehung:* $x \in A$ bedeutet, dass x als Element zur Menge A gehört, $x \in A \cap B$, dass x Element von A *und* B ist (im *Durchschnitt* von A und B liegt), $x \in A \cup B$, dass x ein Element von A *oder* B ist (in der *Vereinigung* von A und B liegt). Mit dem Symbol $\emptyset$ bezeichnen wir die *leere Menge,* die kein Element enthält. Eine Menge A ist *Teilmenge* einer Menge B, symbolisch durch $A \subseteq B$ ausgedrückt, wenn jedes

Element aus A auch Element von B ist. Die Menge 2^A *aller* Teilmengen einer Menge A heißt *Potenzmenge* von A. $|A|$ bezeichnet die *Anzahl* der Elemente in der Menge A, für unendliche Mengen schreiben wir $|A| = \infty$. $\exists x\,(H(x))$ bedeutet, es *existiert* (mindestens) ein x, so dass die Aussage $H(x)$ gilt. $\forall x\,(H(x))$ bedeutet, dass *für alle* x die Aussage $H(x)$ gilt.

Unsere Gruppeneigenschaften sehen mit diesen Symbolen dann so aus:

(1') $\forall x, y, z \in G\left(x * (y * z) = (x * y) * z\right),$

(2') $\exists n \in G\ \forall x \in G\ (n * x = x * n = x),$

(3') $\forall x \in G\ \exists x^{-1} \in G\ (x * x^{-1} = x^{-1} * x = n).$

Von den vielen schönen Beispielen für Gruppen, die in der Schule vorkommen, allerdings leider ohne dass dabei das Wort „Gruppe" Erwähnung findet, wurde schon die Menge $\mathbf{B_2}$ aller Bewegungen in der Ebene genannt, die mit der Operation $\circ$, der Hintereinanderausführung von Abbildungen, eine Gruppe $(\mathbf{B_2}, \circ)$ bildet. Ein weiteres Standardbeispiel ist die additive Gruppe $(\mathbb{Z}, +)$ der ganzen Zahlen mit dem neutralen Element Null. Diese Gruppe hat die zusätzliche Eigenschaft, dass die Operation *kommutativ* ist:

$$\forall x, y \in \mathbb{Z}\,(x + y = y + x).$$

Solche Gruppen heißen *kommutative Gruppen*. Der mit der Gruppentheorie wenig oder nicht vertraute Leser überlege sich, dass das neutrale Element in Gruppen eindeutig bestimmt ist (es gibt nur genau eins) und dass im Gegensatz zur additiven Gruppe der ganzen Zahlen die Gruppe aller Bewegungen in der euklidischen Ebene nicht kommutativ ist.

Zur Erklärung des Begriffs „Transformationsgruppe" erinnern wir zunächst an den für die Mathematik grundlegenden Abbildungsbegriff: Eine *Abbildung* α aus einer Menge A, dem Urbildbereich, in eine Menge B, den Bildbereich, ist abstrakt gesehen eine Teilmenge des *kartesischen Produktes* $A \times B$ von A und B also von der Menge aller geordneten Paare (a, b) mit $a \in A$ und $b \in B$. Für $\alpha \subseteq A \times B$ (α ist *Teilmenge* von $A \times B$) schreiben wir auch $\alpha : A \longrightarrow B$ und für die Tatsache, dass ein Element a aus A durch α auf das Element $b \in B$ abgebildet wird, statt $(a, b) \in \alpha$ auch $\alpha(a) = b$. Unter Abbildungen verstehen wir immer *eindeutige* „Zuordnungen", d.h., zu jedem Urbild existiert bei einer Abbildung α *höchstens* ein Bild. Mit dem Symbol $\exists!$ heißt das

$$\forall a \in A\ \exists! b \in B\left(\alpha(a) = b\right).$$

Eine Abbildung heißt *eindeutig umkehrbar*, wenn umgekehrt zu jedem Bild bei der Abbildung α höchsten ein Urbild existiert. Diesen Sachverhalt schreiben wir jetzt einmal in anderer Form mit einem Beispiel für den *Folgepfeil* $\Longrightarrow$, die logische Implikation „wenn … so":

$$\forall a_1, a_2 \in A\left(\alpha(a_1) = \alpha(a_2) \Longrightarrow a_1 = a_2\right).$$

Gibt es zu jedem Element $a \in A$ bei der Abbildung α ein Bild in B, so ist α eine Abbildung *von* A in B, gibt es zu jedem Element $b \in B$ ein Urbild in A, so ist α eine Abbildung *auf* B. Eine eindeutig umkehrbare Abbildung nennen wir auch *eineindeutig*. Eine eineindeutige Abbildung von einer Menge A auf eine Menge B heißt auch *bijektiv* oder *Bijektion* von A auf B. Für uns sind jetzt insbesondere Bijektionen einer Menge auf sich von Interesse.

Definition 1.1.2. *Eine eineindeutige Abbildung σ einer Menge A auf sich heißt* **Transformation** *oder* **Symmetrieabbildung** *von A. Ist A eine endliche Menge, so wird σ auch* **Permutation** *genannt. Die Menge aller Transformationen einer Menge A bezeichnen wir mit $\mathbf{S}_A$.*

Zwei Transformationen α und β einer Menge A können hintereinander ausgeführt werden, so dass eine neue Transformation γ entsteht. Wir schreiben $\gamma = \beta \circ \alpha$, wenn für alle $x \in A$ gilt $\gamma(x) = \beta\big(\alpha(x)\big)$ (auf das Bild $\alpha(x)$ bei der Abbildung α wird anschließend die Abbildung β angewendet). Für die so erklärte Operation $\circ$ gilt das wichtige

Lemma 1.1.1. *Die Menge $\mathbf{S}_A$ aller Transformationen einer Menge A bildet mit der Hintereinanderausführung $\circ$ als Operation eine Gruppe $(\mathbf{S}_A, \circ)$, die (volle)* **Transformationsgruppe** *oder auch (volle)* **Symmetriegruppe** *von A.*

Für endliche Mengen A heißt diese Gruppe natürlich auch *Permutationsgruppe* von A. Auf den einfachen Beweis dieses Lemmas können wir verzichten, bemerken nur, dass das neutrale Element in dieser Gruppe die *identische Abbildung* ι ist, die jedes Element der Menge A auf sich selbst abbildet, und dass zu jeder eineindeutigen Abbildung $\alpha \in \mathbf{S}_A$ die Umkehrabbildung α^{-1} in $\mathbf{S}_A$ als inverses Element existiert mit $\alpha^{-1}(b) = a$ $:\Longleftrightarrow$ $\alpha(a) = b$, also $\alpha^{-1} \circ \alpha = \iota$ (das Zeichen $:\Longleftrightarrow$ benutzen wir für die Definition einer Aussage, das Zeichen $:=$ für die Definition eines Terms, eines Begriffes oder einer Bezeichnung). Für uns sind von besonderem Interesse die Untergruppen G der vollen Transformationsgruppe des n-dimensionalen euklidischen Raumes $\mathbb{R}^n$. Allgemein ist eine Teilmenge $U \subseteq G$ einer Gruppe $(G, *)$ eine *Untergruppe* von G, wenn die Menge U mit der auf U eingeschränkten Operation $*$ selbst wieder eine Gruppe $(U, *)$ ist. Wir schreiben dafür kurz $U < G$. So bildet die Menge aller Drehungen, die ein Quadrat auf sich abbildet, eine *endliche* Untergruppe der Bewegungsgruppe der euklidischen Ebene – es handelt sich dabei um Drehungen um den Quadratmittelpunkt und die Drehwinkel $90°$, $180°$ und $270°$, und natürlich brauchen wir als neutrales Element die Drehung um $0°$ bzw. $360°$. Bezeichnen wir diese Drehungen in dieser Reihenfolge mit $\delta_1, \delta_2, \delta_3$ und δ_0, so kann man die Hintereinanderausführungen und deren Ergebnisse in Form einer *Gruppentafel* wie folgt beschreiben:

$\circ$	δ_0	δ_1	δ_2	δ_3
δ_0	δ_0	δ_1	δ_2	δ_3
δ_1	δ_1	δ_2	δ_3	δ_0
δ_2	δ_2	δ_3	δ_0	δ_1
δ_3	δ_3	δ_0	δ_1	δ_2

Zur Erklärung des Begriffes „diskret" benötigen wir schließlich einige, leider ebenfalls in der Schule vernachlässigte, elementare topologische Grundbegriffe, die wir hier „schulgemäß" nur für den n-dimensionalen euklidischen Raum $\mathbb{R}^n$ definieren mit der üblichen Abstandsfunktion

$$d(x, y) = \sqrt{(x_1 - y_1)^2 + \ldots + (x_n - y_n)^2}$$

für Punkte $x, y \in \mathbb{R}^n$ mit den kartesischen Koordinaten x_i bzw. y_i $(i = 1, \ldots, n)$.

Definition 1.1.3.

a) *Für beliebige positive reelle Zahlen $\varepsilon \in \mathbb{R}$ ($\varepsilon > 0$) und beliebige Punkte $z \in \mathbb{R}^n$ heißt die Menge $\mathcal{K}_\varepsilon^{o,n}(z) := \{x \in \mathbb{R}^n : d(z, x) < \varepsilon\}$ **offene Kugel** mit dem **Mittelpunkt** z und dem **Radius** ε (auch kurz ε-**Umgebung** von z) und die Menge $\mathcal{K}_\varepsilon^n(z) := \{x \in \mathbb{R}^n : d(z, x) \leq \varepsilon\}$ (abgeschlossene) **Kugel**.*

b) *Ein Punkt $x \in \mathcal{M}$ einer Teilmenge $\mathcal{M} \subseteq \mathbb{R}^n$ des Raumes heißt **innerer Punkt** von $\mathcal{M}$, wenn es eine offene Kugel mit dem Mittelpunkt x gibt, die ganz in $\mathcal{M}$ liegt. Die Menge aller inneren Punkte von $\mathcal{M}$ wird mit $int\mathcal{M}$ bezeichnet:*

$$x \in int\mathcal{M} \quad :\Longleftrightarrow \quad \exists \varepsilon > 0 \Big(\mathcal{K}_\varepsilon^{o,n}(x) \subseteq \mathcal{M} \Big).$$

*Eine Menge $\mathcal{M} \subseteq \mathbb{R}^n$ heißt **offen**, wenn sie nur aus inneren Punkten besteht.*

c) *Ein Punkt einer Menge $\mathcal{M} \subseteq \mathbb{R}^n$ heißt **Randpunkt** von $\mathcal{M}$, wenn er kein innerer Punkt von $\mathcal{M}$ ist. Die Menge aller Randpunkte von $\mathcal{M}$ (den **Rand** von $\mathcal{M}$) bezeichnen wir mit $bd\,\mathcal{M}$ nach dem englischen boundary:*

$$x \in bd\mathcal{M} \quad :\Longleftrightarrow \quad x \in \mathcal{M} \ \wedge \ x \notin int\,\mathcal{M}.$$

Hier steht $\wedge$ für den logischen Operator „und".

d) *Ein Punkt $x \in \mathbb{R}^n$ heißt schließlich **Häufungspunkt** einer Menge $\mathcal{M} \subseteq \mathbb{R}^n$, wenn in jeder ε-Umgebung von x wenigstes ein von x verschiedener Punkt aus $\mathcal{M}$ liegt:*

$$x \text{ Häufungspunkt von } \mathcal{M} \quad :\Longleftrightarrow \quad \forall \varepsilon > 0 \exists y \in \mathcal{M} \Big(y \neq x \ \wedge \ y \in \mathcal{K}_\varepsilon^{o,n}(x) \Big)$$

*Eine Menge $\mathcal{M} \subseteq \mathbb{R}^n$ heißt **abgeschlossen**, wenn sie alle ihre Häufungspunkte enthält.*

Schülern begegnen diese Begriffe meist nur im Fall der Dimension $n = 1$ auf dem Zahlenstrahl als offenes Intervall $(a, b) := \{z \in \mathbb{R} : a < z < b\}$, abgeschlossenes Intervall $[a, b] := \{z \in \mathbb{R} : a \leq z \leq b\}$ oder Häufungspunkt (Grenzwert) von Zahlenfolgen, etwa 0 als Häufungspunkt der Zahlenfolge $(1, \frac{1}{2}, \frac{1}{3}, \frac{1}{4}, \ldots, \frac{1}{n}, \ldots)$. Der unerfahrene Leser überlege sich, dass in jeder Umgebung eines Häufungspunktes x einer Menge sogar unendlich viele Punkte der Menge liegen müssen, dass die *leere Menge* $\emptyset$ und der ganze Raum $\mathbb{R}^n$ (die einzigen) Mengen im $\mathbb{R}^n$ sind, die zugleich offen und abgeschlossen sind und dass die Vereinigung und der Durchschnitt von *endlich vielen* offenen bzw. abgeschlossenen Mengen wieder offen bzw. abgeschlossen sind. Die hier eingeführten Begriffe lassen sich nicht nur für den n-dimensionalen euklidischen Raum erklären, sie lassen sich z. B. für beliebige *metrische Räume* definieren (vgl. Abschn. 1.3).

Nun können wir die Diskretheit von Mengen, Mengensystemen und Transformationsgruppen erklären.

Definition 1.1.4.

a) *Eine Menge $\mathcal{M}$ des Raumes $\mathbb{R}^n$ heißt* **diskret** *oder* **lokal endlich,** *wenn zu jedem Punkt des Raumes eine Umgebung existiert, die mit der Menge $\mathcal{M}$ nur endlich viele Punkte gemeinsam hat:*

$$\forall x \in \mathbb{R}^n \ \exists \varepsilon > 0 \left(|\mathcal{K}_\varepsilon^{o,n}(x) \cap \mathcal{M}| < \infty \right).$$

b) *Ein Mengensystem $\mathbf{M}$ des Raumes $\mathbb{R}^n$ heißt* **diskret, lokal endlich** *oder eine* **Lagerung,** *wenn zu jedem Punkt des Raumes eine Umgebung existiert, die mit höchstens endlich vielen Elementen $\mathcal{M} \in \mathbf{M}$ des Mengensystems gemeinsame Punkte besitzt:*

$$\forall x \in \mathbb{R}^n \ \exists \varepsilon > 0 \left(|\{\mathcal{M} \in \mathbf{M} : \mathcal{M} \cap \mathcal{K}_\varepsilon^{o,n}(x) \neq \emptyset\}| < \infty \right).$$

c) *Eine Untergruppe $\mathbf{G} < \mathbf{S}_{\mathbb{R}^n}$ von Transformationen des Raumes $\mathbb{R}^n$ heißt* **diskret** *(diskrete Transformationsgruppe), wenn für jeden Punkt $x \in \mathbb{R}^n$ die Menge aller Bilder bei allen Abbildungen aus $\mathbf{G}$, der* **Orbit** $\mathbf{G}x := \{\alpha(x) : \alpha \in \mathbf{G}\}$, *eine diskrete Menge im Sinne von a) ist.*

Die einfachsten Beispiele diskreter Mengen sind alle endlichen Mengen, die nach Definition diskret sind. Ein Standardbeispiel für eine unendliche diskrete Punktmenge im n-dimensionalen euklidischen Raum $\mathbb{R}^n$ ist die Menge aller Punkte mit ganzzahligen Koordinaten. Sie bildet das sogenannte *Standardgitter* $\mathbb{Z}^n$. Ein einfaches Beispiel einer unendlichen Punktmenge im eindimensionalen Raum $\mathbb{R}$, die *nicht* diskret ist, ist die schon erwähnte Menge $\mathcal{F} := \{\frac{1}{n} : n \in \mathbb{N}^*\}$, die Menge aller Stammbrüche ($\mathbb{N}$ bezeichnet die Menge aller natürlichen Zahlen, $\mathbb{N}^*$ die Menge der natürlichen Zahlen ohne 0), denn zum Häufungspunkt 0 dieser Menge existiert *keine*

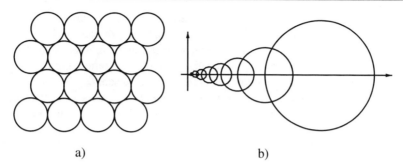

a)   b)

Abb. 1.1 Kreise

positive reelle Zahl ε, so dass in dem offenen Intervall $(-\varepsilon, \varepsilon)$, der ε-Umgebung von 0, nur endlich viele Punkte von $\mathcal{F}$ liegen.

Die einfachsten Beispiele für diskrete Mengensysteme sind wieder die *endlichen* Systeme von Punktmengen. Abb. 1.1a) zeigt eine solche endliche Menge von Kreisen, die man sich aber auch zu einer unendlichen diskreten Kreismenge fortgesetzt denken kann, nämlich zur dichtesten Kreispackung in der euklidischen Ebene. Wir kommen darauf im letzten Kapitel zurück. Abb. 1.1b) deutet eine Menge von Kreisen in der Ebene an, die *nicht* diskret ist – die Mittelpunkte der Kreise denke man sich als die Menge $\mathcal{F}$ auf der x-Achse eines Koordinatensystems in der Ebene bei geeignet abnehmenden Radien, z. B. $r_n = \frac{1}{n(n+1)}$.

Solche diskreten Lagerungen, Packungen und Überdeckungen von geometrischen Figuren wurden erstmalig systematisch von dem ungarischen Mathematiker László Fejes Tóth in dem Buch „Lagerungen in der Ebene, auf der Kugel und im Raum" (Fejes Tóth 1953) untersucht, welches in der berühmten Springer-Reihe *Die Grundlehren der mathematischen Wissenschaften in Einzeldarstellungen,* Bd. 65, im Jahre 1953 erschienen ist und damit gewissermaßen die „Geburtsurkunde" der Diskreten Geometrie als eigenständige Teildisziplin der Geometrie darstellt. Wir rechnen aber zur Diskreten Geometrie auch die z. B. für die Kristallographie wichtige Theorie der diskreten Transformationsgruppen, worauf wir im Abschn. 2.3 näher eingehen werden.

1.2 Endliche affine Ebenen

Wie schon erwähnt, wird in Euklids „Elementen" die Geometrie *axiomatisch* aufgebaut, indem am Beginn einige Postulate und Axiome als unbewiesene und unbeweisbare Grundannahmen vorausgesetzt werden, aus denen die übrigen Sätze der Geometrie logisch hergeleitet werden. So wird in einem fünften Postulat gefordert, *„daß, wenn eine gerade Linie beim Schnitt mit zwei geraden Linien bewirkt, daß innen auf derselben Seite entstehende Winkel zusammen kleiner als zwei Rechte werden, dann die zwei geraden Linien bei Verlängerung ins unendliche sich treffen auf der Seite, auf der die Winkel liegen, die zusammen kleiner als zwei Rechte sind."* (Euklid 1937, I. Teil, S. 3). Diese etwas schwerfällig wirkende und heute als

„Parallelenpostulat" bezeichnete Aussage hat zur Folge, dass es zu jeder Geraden g und jedem Punkt P *genau eine* zu g parallele Gerade h durch den Punkt P gibt. Da diese Grundannahme nicht nur komplizierter sondern auch weniger evident als die übrigen Postulate und Axiome ist, hat man über zweitausend Jahre lang versucht, sie aus den übrigen Axiomen bzw. Postulaten als Satz zu beweisen. Das ist der Inhalt des „Parallelenproblems". Mit der Entdeckung der nichteuklidischen Geometrien im 19. Jahrhundert wurde klar, dass Euklids 5. Postulat als Axiom berechtigt und nicht zu beweisen ist. Wir wollen hier das Prinzip des axiomatischen Aufbaus der Geometrie und das Parallelenproblem an einem sehr einfachen (weil sogar endlichem) Beispiel erläutern.

Am Anfang einer axiomatisch aufgebauten Theorie werden einige *Grundobjekte* ohne genauere Definition vorausgesetzt mit einigen *Grundrelationen* zwischen denselben. Für unsere Beispielgeometrie sind die Grundobjekte Elemente einer beliebigen (eventuell endlichen) Menge $\mathbf{P}$ und ein System $\mathbf{G}$ von Teilmengen von $\mathbf{P}$. $\mathbf{G}$ ist also selbst eine Teilmenge der Potenzmenge $2^{\mathbf{P}}$ von $\mathbf{P}$: $\mathbf{G} \subseteq 2^{\mathbf{P}}$. Die Elemente von $\mathbf{P}$ nennen wir „Punkte", die Elemente aus $\mathbf{G}$ „Geraden". Die einzige Grundrelation zwischen diesen Grundobjekten ist die sogenannte *Inzidenzrelation:* Ein Punkt $P \in \mathbf{P}$ „liegt auf" einer Geraden $g \in \mathbf{G}$ oder die Gerade g „geht durch" den Punkt P, was wir durch die Elementbeziehung $P \in g$ beschreiben. Über diese *Grundbegriffe* werden dann einige Grundannahmen formuliert, die nicht bewiesen werden (können), die *Axiome*. Damit ist dann das sogenannte der Theorie zugrundeliegende *Axiomensystem* gegeben. Für unsere Beispielgeometrie fassen wir das Axiomensystem wie folgt zusammen:

Grundbegriffe

Grundobjekte: Menge $\mathbf{P}$ von Punkten $A, B, \ldots, P, \ldots$,
                Menge $\mathbf{G} \subseteq 2^{\mathbf{P}}$ von Geraden $a, b, \ldots, g, h, \ldots$
Grundrelation: Inzidenz $P \in g$ für Punkte P und Geraden g.

Axiome

(I) $\forall A, B \in \mathbf{P}\Big(A \neq B \implies \exists!!g \in \mathbf{G}(A \in g \ \wedge \ B \in g)\Big)$
   (Durch je 2 verschiedene Punkte A, B geht *genau eine* Gerade $g(AB)$).

(II) $\exists A, B, C \in \mathbf{P} \, \forall g \in \mathbf{G}(A \in g \ \wedge \ B \in g \implies C \notin g)$
   (Es gibt 3 Punkte, die nicht auf derselben Geraden liegen).

(III) $\forall P \in \mathbf{P} \, \forall g \in \mathbf{G} \, \exists!!h \in \mathbf{G}\Big(P \in h \ \wedge \ (h = g \vee h \cap g = \emptyset)\Big)$
   (Durch jeden Punkt P gibt es zu jeder Geraden g *genau eine* Gerade h, die mit g alle oder keinen Punkt gemeinsam hat).

Hier haben wir das Zeichen $\vee$ für den logischen Operator „oder" und das Symbol $\exists!!$ für „es existiert *genau ein*" benutzt. Gelegentlich werden den drei Axiomen Namen gegeben, die ihre inhaltliche Bedeutung charakterisieren: (I) heißt Verbindbarkeitsaxiom, (II) Dimensionsaxiom und (III) Parallelenaxiom. Eine Struktur $(\mathbf{P}, \mathbf{G})$

mit den Eigenschaften (I)–(III) heißt affine Inzidenzebene oder für uns kurz **affine Ebene**. Eine solche heißt insbesondere **endlich,** wenn sie nur aus endlich vielen Punkten besteht: $|\mathbf{P}| < \infty$.

Nachdem nun ein Axiomensystem vorliegt, kann daraus eine Theorie *axiomatisch* entwickelt werden durch exakte Definitionen weiterer Objekte und Relationen und durch aus den Axiomen logisch hergeleitete (bewiesene) Theoreme. Für beides geben wir je ein einfaches Beispiel. Zunächst eine Relation in der Menge aller Geraden:

Definition 1.2.1. *Zwei Geraden* $g, h \in \mathbf{G}$ *einer affinen Ebene* $(\mathbf{P}, \mathbf{G})$ *heißen paral-lel, wenn sie identisch sind oder keinen Punkt gemeinsam haben:*
$$g \| h \quad :\Longleftrightarrow \quad g = h \quad \vee \quad g \cap h = \emptyset.$$

Als ersten einfachen Satz unserer Theorie (endlicher) affiner Ebenen beweisen wir eine Eigenschaft, die so wesentlich ist, dass sie gelegentlich mit in die Reihe der Axiome aufgenommen wird:

Satz 1.2.1. *In affinen Ebenen* $(\mathbf{P}, \mathbf{G})$ *gilt:*

(IV) Jede Gerade $g \in \mathbf{G}$ *enthält mindestens zwei Punkte (* $|g| \geq 2$ *).*

Beweis. Wir führen den einfachen Beweis *indirekt,* d. h. wir nehmen das Gegenteil zur Aussage des Satzes an und zeigen, dass diese Annahme zu einem Widerspruch führt. Unsere Annahme lautet also: Es gibt wenigstens eine Gerade $g_0 \in \mathbf{G}$, die weniger als zwei Punkte enthält. Dann sind zwei Fälle zu unterscheiden. Annahme 1: g_0 enthält keinen Punkt, also $g_0 = \emptyset$. Nach Axiom (II) existieren in unserer affinen Ebene wenigstens drei verschiedene Punkte A, B, C, die nicht auf derselben Geraden liegen (nicht *kollinear* sind). Dann existieren nach Axiom (I) auch drei eindeutig bestimmte paarweise verschiedene Geraden $g(AB)$, $g(AC)$ und $g(BC)$. Es gilt also $A \in g(AB)$, $A \in g(AC)$ mit $g(AB) \neq g(AC)$ und $g(AB) \cap g_0 = g(AB) \cap \emptyset = \emptyset$, denn der Durchschnitt einer beliebigen Menge mit der leeren Menge ist wieder die leere Menge. Das bedeutet $g(AB) \| g_0$ *und* analog $g(AC) \| g_0$. Durch den Punkt A gehen also zwei *verschiedene* Geraden, die *beide* parallel zu g_0 sind im Widerspruch zum Parallelenaxiom (III). Mit der gleichen Methode ergibt sich auch für den zweiten Fall $|g_0| = 1$ (es gibt mindestens eine Gerade, die nur einen Punkt enthält) ein Widerspruch zur Eindeutigkeit im Parallelenaxiom, was der Leser ausführen sollte. $\qquad\square$

Um eine wichtige Eigenschaft der von uns definierten Parallelität von Geraden zu beweisen, erinnern wir an den in der Mathematik fundamentalen Begriff der *Äquivalenzrelation.* Eine (zweistellige) **Relation** R auf einer Menge M ist eine Teilmenge des kartesischen Produktes von M mit M, also $R \subseteq M \times M$. Dafür, dass zwei Elemente $x, y \in M$ in der Relation R stehen, also $(x, y) \in R$, schreiben wir wie üblich $x R y$. Schulmäßige Beispiele für Relationen sind z. B. die Gleichheitsrelation $=$, andere Vergleichsrelationen wie $<$, $>$ und eben die Parallelität $\|$ von Geraden.

Eine zweistellige Relation R auf einer Menge M heißt **Äquivalenzrelation,** wenn sie folgende Eigenschaften besitzt:

1. $\forall x \in M (x R x)$ (R ist *reflexiv*),
2. $\forall x, y \in M (x R y \implies y R x)$ (R ist *symmetrisch*) und
3. $\forall x, y, z \in M (x R y \wedge y R z \implies x R z)$ (R ist *transitiv*).

Obwohl diese Eigenschaften für einige Relationen wie die Kongruenz oder die Ähnlichkeit von Dreiecken in der Schule gelegentlich Erwähnung finden, wird das Wort „Äquivalenzrelation" leider vermieden. Wir beweisen nun einen nächsten einfachen Satz in unserer affinen Geometrie:

Satz 1.2.2. *Die Parallelität von Geraden in affinen Ebenen ist eine Äquivalenzrelation.*

Beweis. Die Reflexivität $\forall g {\in} \mathbf{G}(g \| g)$ ist nach Definition 1.2.1 der Parallelität klar. Die Symmetrie beruht auf der Symmetrie der Gleichheitsrelation $=$ und der Kommutativität der mengentheoretischen Durchschnittsoperation $\cap$:

$$g \| h \implies g = h \vee g \cap h = \emptyset \implies h = g \vee h \cap g = \emptyset \implies h \| g.$$

Lediglich der Nachweis der Transitivität ist nicht ganz trivial. Dazu gelte für drei beliebige Geraden $g, h, k \in \mathbf{G}$ die Voraussetzung $g \parallel h$ und $h \parallel k$, und es ist zu zeigen, dass dann auch $g \parallel k$ gilt. Wir können voraussetzen, dass die drei Geraden paarweise verschieden sind, anderenfalls wäre $g \| k$ sofort aus den Voraussetzungen klar. Der weitere Beweis erfolgt nun wieder indirekt, indem wir annehmen $g \nparallel k$. Das bedeutet jetzt, dass g und k genau einen Punkt gemeinsam haben: $g \cap k = \{P\}$. Dann gehen aber durch diesen Punkt P die *beiden* verschiedenen zu h parallelen Geraden g und k im Widerspruch zur Eindeutigkeit im Parallelenaxiom (III).   □

Der mit der axiomatischen Methode nicht vertraute Leser wird sich spätestens jetzt (hoffentlich) fragen, ob man denn irgendwelche (sinnlosen) Objekte und Axiome dazu erfinden und daraus eine „wissenschaftliche" Theorie entwickeln kann. Dem ist natürlich nicht so, denn ein sinnvolles Axiomensystem muss gewisse Bedingungen erfüllen. Wir erläutern hier zunächst nur die wichtigste davon, nämlich die *Widerspruchsfreiheit.* Ein Axiomensystem ist *syntaktisch* widerspruchsfrei, wenn jede Aussage, die in den zulässigen Grundbegriffen des Axiomensystems formuliert ist, nicht zugleich mit ihrer Negation bewiesen (aus den Axiomen hergeleitet) werden kann. Ein Nachweis der syntaktischen Widerspruchsfreiheit eines Axiomensystems ist naturgemäß selten möglich – wie soll man *alle* möglichen Aussagen aufstellen und auch noch beweisen? Aber es gibt einen zweiten Widerspruchsfreiheitsbegriff, der für genügend elementare Theorien wie die unsere äquivalent zum ersten ist: Ein Axiomensystem heißt *semantisch* widerspruchsfrei, wenn es für das Axiomensystem ein *Modell* gibt. Das bedeutet im wesentlichen, dass es einen

„gesicherten" Bereich der realen Welt oder eine „gesicherte" (als widerspruchs-frei erwiesene) Theorie gibt mit folgender Eigenschaft: Wenn man die Grundob-jekte und Grundrelationen des Axiomensystems auf Objekte und Relationen die-ses Bereichs der Realität oder der widerspruchsfreien Theorie abbildet, dann gehen die Axiome dort in wahre Aussagen über. Für mathematische Theorien wird als Modellbereich meist die Theorie der reellen Zahlen genutzt. Wir könnten also die Widerspruchsfreiheit unseres Axiomensystems der affinen Ebene als bewiesen anse-hen, wenn wir als „Modellpunkte" die geordneten Paare (x, y) reeller Zahlen und als „Modellgeraden" die Lösungsmengen linearer Gleichungen $ax + by = c$ mit $a^2 + b^2 > 0$ benutzen. Dann lassen sich die Axiome in dieser *reellen analytischen* Elementargeometrie leicht nachrechnen, und man erkennt, dass die reelle euklidi-sche Ebene der elementaren Schulgeometrie eine affine Ebene ist. Natürlich setzt dieses Vorgehen den Nachweis der Widerspruchsfreiheit der reellen zweidimensio-nalen analytischen Geometrie voraus, was leider problematisch ist. Wir sind hier aber in der glücklichen Lage, dass wir ein „reales", nämlich ein einfaches *endli-ches* Modell angeben können. Dazu denken wir uns eine Menge von vier beliebigen Dingen, z. B. die Menge $\mathbf{P}_4 := \{A, B, C, D\}$ der vier Buchstaben A, B, C, D als Modell unserer Punktmenge, und wir betrachten als Modell der Geradenmenge die Menge $\mathbf{G}_4 := \Big\{\{A, B\}, \{A, C\}, \{A, D\}, \{B, C\}, \{B, D\}, \{C, D\}\Big\}$ aller zweielemen-tigen Teilmengen von $\mathbf{P}_4$. Damit haben wir eine *konkrete* Modellstruktur gefunden, in der alle unsere Axiome (I)–(III) gelten, wie der Leser leicht nachprüfen kann, und das bedeutet, dass $(\mathbf{P}_4, \mathbf{G}_4)$ selbst eine endliche affine Ebene ist. Sie bekommt den Namen **affine Vierpunkteebene.** Der Leser überlege sich ferner, dass es keine affine Ebene mit weniger als 4 Punkten geben kann.

Mit Blick auf die Kapitelüberschrift sei noch eine Eigenschaft erwähnt, die ein Axiomensystem haben sollte: Ein Axiomensystem heißt *unabhängig*, wenn kei-nes der Axiome aus den übrigen hergeleitet (bewiesen) werden kann. Auf einen Unabhängigkeitsbeweis unseres Axiomensystems für affine Ebenen verzichten wir, erwähnen aber das für den axiomatischen Aufbau der euklidischen Geometrie fun-damentale Werk „Grundlagen der Geometrie" von David Hilbert (1899) in dem erstmalig ein vollständiges, widerspruchsfreies und unabhängiges Axiomensystem der klassischen Geometrie angegeben wurde. Unsere Axiome (I) und (II) finden sich dort am Anfang des ersten Kapitels in der Gruppe der „Axiome der Verknüpfung". Insbesondere wird von Hilbert auch die Unabhängigkeit des euklidischen Paralle-lenaxioms nachgewiesen, also das Parallelenproblem gelöst. Der Bedeutung dieser Problematik entsprechend ist dem Parallelenaxiom bei Hilbert ein eigener Abschnitt gewidmet.

Nachdem wir nun schon ein besonders einfaches Beispiel für endliche affine Ebenen kennengelernt haben, sollen einige neue Eigenschaften für den endlichen Fall hergeleitet werden.

Satz 1.2.3. *Wenn auf einer Geraden einer affinen Ebene* $(\mathbf{P}, \mathbf{G})$ *genau n Punkte liegen ($n \in \mathbb{N}$, $n \geq 2$), so liegen auf jeder Geraden $g \in \mathbf{G}$ genau n Punkte.*

Beweis. Sei $g = \{A_1, A_2, \ldots, A_n\}$ eine Gerade in der affinen Ebene $(\mathbf{P}, \mathbf{G})$ mit den n Punkten A_i und h eine davon verschiedene Gerade, die also nach Axiom (I) und Satz 1.2.1 mindestens zwei verschiedene Punkte B_1 und B_2 enthält, von denen mindestens einer, etwa B_2 nicht auf g liegt. Dann gibt es genau eine Gerade l_2 durch A_2 und B_2. Folglich müssen alle zu l_2 parallele Graden l_i durch die Punkte A_i ($i = 1, 3, 4, \ldots t, n$) die Gerade h in paarweise verschiedenen Punkten $B_i := h \cap l_i$ schneiden. Die Gerade h enthält also mindestens n Punkte. Angenommen, es gäbe auf h noch einen weiteren Punkt B, der bei unserer „Parallelprojektion" von g auf h nicht erfasst worden wäre, dann betrachten wir die zu l_2 parallele Gerade l durch B, die demnach die Gerade g nicht trifft, es gilt also $g \parallel l$ und $l_2 \parallel l$. Durch den Punkt A_2 gehen also die beiden verschiedenen zu l parallelen Geraden g und l_2, was aber dem Parallelenaxiom (III) widerspricht. Folglich liegen auch auf h *genau* n Punkte. $\square$

Der ungeübte Leser kann sich den Verlauf dieses Beweises durch eine Skizze leicht veranschaulichen. Man erkennt im Übrigen wie schon beim Beweis von Satz 1.2.1 die Stärke des Parallelenaxioms (III).

Die Anzahl der Punkte auf einer (und damit jeder) Geraden einer endlichen affinen Ebene ist ein wichtiger Parameter und soll einen Namen bekommen:

Definition 1.2.2. *Die Anzahl $n = |g|$ der Punkte auf einer Geraden $g \in \mathbf{G}$ einer endlichen affinen Ebene $(\mathbf{P}, \mathbf{G})$ heißt* **Ordnung** *der affinen Ebene.*

Auch weitere Anzahlaussagen lassen sich aus unseren wenigen Axiomen herleiten:

Satz 1.2.4. *In jeder affinen Ebene $(\mathbf{P}, \mathbf{G})$ der Ordnung n gibt es genau $|\mathbf{P}| = n^2$ Punkte, $|\mathbf{G}| = n(n+1)$ Geraden, und durch jeden Punkt gehen genau $n+1$ Geraden.*

Beweis. Wir betrachten zwei sich im Punkt $A_1 = B_1$ schneidende Geraden $a = \{A_1, \ldots, A_n\}$ und $b = \{B_1, \ldots, B_n\}$ und legen durch jeden der Punkte B_1 bis B_n eine zu a parallele Gerade a_i mit $a_1 = a$. Dann liegen auf diesen n Geraden a_i genau n^2 paarweise verschiedene Punkte. Dass dies alle Punkte in unserer affinen Ebene sind, lässt sich wieder indirekt wie beim Beweis von Satz 1.2.3 zeigen, womit $|\mathbf{P}| = n^2$ nachgewiesen ist. Jetzt sei P ein beliebiger Punkt. Wir wählen eine Gerade g, die nicht durch P geht. Dann kann man die n Punkte von g mit P verbinden und erhält n verschiedene Geraden durch P, zusammen mit der Parallelen zu g durch P also genau $n + 1$ verschiedene Geraden, und weitere Geraden durch P kann es nicht geben. Schließlich wählen wir eine beliebige Gerade g aus. Durch jeden der n Punkte von g existieren nach eben bewiesener Aussage genau n von g verschiedene Geraden, zusammen also n^2 Geraden. Dazu kommen die n zu g parallelen Geraden, was $n^2 + n$ paarweise verschiedene Geraden ergibt. Jede weitere Gerade müsste entweder einen Schnittpunkt mit g haben oder zu g parallel sein – wäre also bereits gezählt. Damit ist gezeigt, dass es genau $n^2 + n = n(n + 1)$ Geraden in der affinen Ebene der Ordnung n gibt. $\square$

Spätestens jetzt drängt sich die Frage auf, für welche natürlichen Zahlen n eine affine Ebene der Ordnung n existiert. Der „Einsteiger" wird überrascht sein, dass die Beantwortung dieser Frage nicht nur schwierig sondern zur Zeit nicht vollständig möglich ist. Für ein erstes Ergebnis beansprucht die „Mutter der Mathematik" die Hilfe eines ihrer „Kinder" nämlich der Algebra. Wir hatten schon früher die Bedeutung der Gruppentheorie für die Geometrie erkannt und benötigen jetzt etwas Körpertheorie. Ein **Körper** ist eine Struktur $(\mathbb{K}, +, \cdot)$, die aus einer Menge $\mathbb{K}$ besteht mit zwei binären Operationen, die wir einfach als Addition $+$ und Multiplikation $\cdot$ interpretieren mit dem Nullelement 0 der Addition und dem Einselement 1 der Multiplikation mit folgenden Eigenschaften:

(1) $(\mathbb{K}, +)$ ist eine kommutative Gruppe,

(2) mit $\mathbb{K}^* := \mathbb{K} \setminus \{0\}$ ist $(\mathbb{K}^*, \cdot)$ ebenfalls eine kommutative Gruppe und

(3) es gilt das Distributivgesetz $\forall x, y, z \in \mathbb{K}\left(x \cdot (y + z) = x \cdot y + x \cdot z\right)$.

Der Schüler lernt wohl die Rechengesetze kennen für die Zahlkörper $\mathbb{Q}$ der rationalen und $\mathbb{R}$ der reellen Zahlen, bei gutem Lehrer auch der komplexen Zahlen $\mathbb{C}$, aber die gemeinsame abstrakte Struktureigenschaft, Körper zu sein, eher nicht, noch weniger aber die Tatsache, dass es auch *endliche* Körper gibt, die wir jetzt benötigen. Wenigstens der Körper mit nur zwei Elementen wäre aber wichtig, wenn der Schüler etwas darüber erfahren soll, wie der Computer „rechnet". Den interessierten Leser verweisen wir etwa auf das Buch von H. Kurzweil (2007) über endliche Körper. Dort findet man auch den Beweis einer Existenzaussage, die wir hier ohne Beweis benutzen in Form von folgendem

Lemma 1.2.1. *Zu jeder Primzahl p und jeder natürlichen Zahl $m > 0$ existiert ein endlicher Körper mit p^m Elementen.*

Bei unseren obigen Modellbetrachtungen haben wir gezeigt wie man aus dem Körper der reellen Zahlen eine (unendliche) affine Ebene konstruieren kann. Auf die gleiche Art funktioniert das auch mit endlichen Körpern. Damit ergibt sich aus dem Lemma 1.2.1 unmittelbar folgender

Satz 1.2.5. *Zu jeder Primzahl p und jeder natürlichen Zahl $m > 0$ existiert eine affine Ebene der Ordnung p^m.*

Diesen Zusammenhang erläutern wir wenigstens an einem einfachen Beispiel. Zunächst geben wir die Strukturtafeln der additiven und der multiplikativen Gruppe des Körpers $\mathbb{K}_p$ mit $p = 3$ Elementen an, die wir einfach mit 0, 1, 2 bezeichnen:

$+$	0	1	2
0	0	1	2
1	1	2	0
2	2	0	1

$\cdot$	1	2
1	1	2
2	2	1

Es gilt jetzt z. B. $1 + 2 = 0$ und $2 \cdot 2 = 1$ und natürlich $0 \cdot x = 0$. Die Punkte der von diesem Körper erzeugbaren affinen Ebene der Ordnung $n = p = 3$ bilden die Menge $\mathbf{P}_9 := \{(0, 0), (0, 1), (0, 2), (1, 0), (1, 1), \ldots, (2, 2)\}$ – es gibt also genau $n^2 = 3^2 = 9$ Punkte. Von den 12 Geraden geben wir als Beispiel nur zwei parallele an: $\Big\{(0, 0), (1, 0), (2, 0)\Big\}, \Big\{(0, 1), (1, 1), (2, 1)\Big\} \in \mathbf{G}_9$. Der Leser bestimme die übrigen zehn Geraden in dieser affinen „Neunpunkteebene" $(\mathbf{P}_9, \mathbf{G}_9)$.

Ob die Aussage von Satz 1.2.5 umkehrbar ist, also eine endliche affine Ebene immer von Primzahlpotenzordnung sein muss, ist ein ungeklärtes tiefliegendes mathematisches Problem. Für den ersten Fall einer Zahl, die keine Primzahlpotenz ist ($n = 6$), konnte schon vor über siebzig Jahren bewiesen werden, dass es *keine* affine Ebene der Ordnung 6 gibt. Für den nächsten Fall $n = 10$ konnte die Nichtexistenz affiner Ebenen der Ordnung 10 im Jahre 1989 nachgewiesen werden (vgl. Lam et al. 1989). Allerdings schränken die Autoren selbst ein: *„Because of the use of a computer, one should not consider these results as a 'proof' in the traditional sense..."* (Lam et al. 1989, S. 1120). Es erscheint höchst bemerkenswert, dass für die nächst größere Zahl, die keine Primzahlpotenz ist ($n = 12$), die Frage nach der Existenz oder Nichtexistenz einer affinen Ebene der Ordnung 12 immer noch unbeantwortet ist. Wir formulieren dies als

Problem 1. *Gibt es eine affine Ebene der Ordnung $n = 12$?*

Wir könnten nun auch umgekehrt unsere affine Geometrie „algebraisieren" indem wir wie in der Schule in unserer Ebene Koordinaten einführen und, nach gewissen Zusatzforderungen, einen Koordinatenkörper erzeugen. Darauf verzichten wir aber hier, um vielmehr etwas Geometrie im Sinne von Felix Klein anzudeuten. Wir fragen also nach denjenigen Transformationen der Menge $\mathbf{P}$ aller Punkte einer affinen Ebene $(\mathbf{P}, \mathbf{G})$, welche die Geradenmenge invariant lassen, also Geraden wieder auf Geraden abbilden. Solche Transformationen heißen *affine Abbildungen, Kollineationen* oder *Automorphismen* von $(\mathbf{P}, \mathbf{G})$. Für die von uns betrachteten *endlichen* affinen Ebenen sind diese Transformationen natürlich Permutationen (Vertauschungen) der Punktmenge. Deshalb verwenden wir einen Darstellungssatz aus der Theorie der Permutationen. Wir bezeichnen die Hintereinanderausführung von zwei Permutationen $\alpha, \beta \in \mathbf{S_P}$ jetzt einfach als *Produkt* und schreiben dafür $\beta \cdot \alpha$ oder kurz $\beta\alpha$ statt $\beta \circ \alpha$. Ferner betrachten wir spezielle Permutationen, z. B. $\delta = (A C B D)$, die *Zyklen* genannt werden. Unser Beispiel bedeutet, dass bei der Permutation δ das Element A auf C, C auf B, B auf D und D auf A abgebildet wird, wenn δ eine *zyklische* Permutation der Menge $\{A, B, C, D\}$ ist. Zyklen der Länge 2 heißen *Transpositionen*. Für diese gilt folgendes

Lemma 1.2.2. *Jede Permutation lässt sich als Produkt von endlich vielen Transpositionen darstellen.*

Wir beweisen diese Aussage nicht und verweisen den (unkundigen) Leser auf entsprechende Literatur z. B. auf das Buch (Beutelspacher 1994), wo sich ein Beweis

Abb. 1.2 Vierpunkteebene

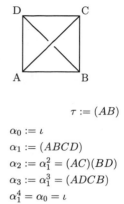

$$\tau := (AB)$$

$$\alpha_0 := \iota$$
$$\alpha_1 := (ABCD)$$
$$\alpha_2 := \alpha_1^2 = (AC)(BD)$$
$$\alpha_3 := \alpha_1^3 = (ADCB)$$
$$\alpha_1^4 = \alpha_0 = \iota$$

auf Seite 177 findet. Wir benutzen diese Aussage auch nur, um elegant die (volle) Automorphismengruppe für unser Standardbeispiel der affinen Vierpunkteebene zu gewinnen, was für diesen einfachen Fall natürlich auch „per Hand" möglich wäre. Zum leichteren Verständnis betrachten wir eine „geometrische" Veranschaulichung der Vierpunkteebene $(\mathbf{P}_4, \mathbf{G}_4)$, indem wir die Geraden als Seiten und Diagonalen eines Quadrates in der euklidischen Ebene skizzieren (s. Abb. 1.2), dabei aber beachten, dass die Diagonalen als Geraden $\{A, C\}$ und $\{B, D\}$ keinen Schnittpunkt haben! Nun betrachten wir eine erste Permutation der Punkte, nämlich die Transposition $\tau - (AB)$, welche die Punkte A und B vertauscht. Obwohl bei dieser Abbildung C und D *Fixpunkte* sind, die also auf sich selbst abgebildet werden, kann der Leser leicht überprüfen, dass τ eine Kollineation ist, also alle Geraden wieder auf Geraden abbildet. So wird etwa die Gerade $\{A, C\}$ auf $\{B, C\}$ abgebildet: $\tau(\{A, C\}) = \{B, C\}$. Wegen der völligen Gleichberechtigung aller Punkte bzw. Geraden ist also *jede* Transposition ein Automorphismus der Vierpunkteebene. Mit Lemma 1.2.2 ergibt sich demnach sofort folgender

Satz 1.2.6. *Die Gruppe aller Automorphismen der Vierpunkteebene* $(\mathbf{P}_4, \mathbf{G}_4)$ *ist die volle Symmetriegruppe* $\mathbf{S}_{\mathbf{P}_4}$.

In der Schule sollte man gelernt haben, dass die Anzahl aller Permutationen einer n-elementigen Menge $n!$ *(n Fakultät)* beträgt mit $n! := 1 \cdot 2 \cdot 3 \cdot \ldots \cdot n$. Unsere Gruppe aller affinen Transformationen der Vierpunkteebene besteht also aus genau $4! = 24$ Kollineationen. Als ein weiteres Beispiel betrachten wir die von dem Viererzyklus $\alpha_1 = (ABCD)$ durch Potenzieren erzeugten Abbildungen α_1^i:

Diese Abbildungen bilden eine bezüglich der Hintereinanderausführung abgeschlossene Menge von Automorphismen, also eine Untergruppe von $\mathbf{S}_{\mathbf{P}_4}$. Sie hat dieselbe Struktur wie die früher angegebene Drehgruppe des Quadrates (vgl. Seite 5 mit $\alpha_i \to \delta_i$). Man sagt die Gruppen sind *isomorph*.

Der Leser kann leicht nachprüfen, dass die Aussage von Satz 1.2.6 für affine Ebenen der Ordnung $n > 2$ nicht mehr gültig ist, d. h. schon die Automorphismengruppe der Neunpunkteebene (s. o.) der Ordnung 3 besitzt deutlich weniger Abbildungen als

9!. Es ist eine schöne Übung, die Typen und Anzahlen der Kollineationen endlicher affiner Ebenen der Ordnung $n > 2$ zu bestimmen.

Abschließend wollen wir noch eine Beziehung unserer affinen Ebene zu einer anderen (endlichen) Geometrie herstellen. Dazu erinnern wir zunächst daran, dass jede Äquivalenzrelation in einer Menge $\mathcal{M}$ diese in Klassen untereinander äquivalenter Elemente zerlegt. Da die Parallelität nach Satz 1.2.2 eine Äquivalenzrelation in der Menge $\mathbf{G}$ aller Geraden in einer affinen Ebene $(\mathbf{P},\mathbf{G})$ ist, zerfällt $\mathbf{G}$ in sogenannte *Parallelklassen* (auch „Richtungen" genannt). Aus Satz 1.2.4 folgt, dass es in einer affinen Ebene der Ordnung n genau $n + 1$ verschiedene Parallelklassen gibt, wie der Leser leicht nachweisen kann. Jeder dieser Klassen ordnen wir nun einen neuen *uneigentlichen, unendlich fernen* oder kurz *Fernpunkt* U_i ($i = 1, \ldots, n + 1$) zu. Diese fassen wir zu einer neuen *uneigentlichen, unendlich fernen* oder kurz *Ferngeraden* $u := \{U_1, \ldots, U_{n+1}\}$ zusammen. Dann wird jede affine Gerade $g \in \mathbf{G}$ durch den Fernpunkt U_i erweitert, der zur Parallelklasse von g gehört: $g' := g \cup \{U_i\}$, wenn U_i der Parallelklasse von g zugeordnet wurde. Auf diese Art erhalten wir aus einer affinen Ebene $(\mathbf{P}, \mathbf{G})$ der Ordnung n eine neue Struktur $(\mathbf{P}', \mathbf{G}')$ von einer Punktmenge $\mathbf{P}' := \mathbf{P} \cup \{U_1, \ldots, U_{n+1}\}$ mit $n^2 + n + 1$ Punkten und einer Geradenmenge $\mathbf{G}' := \Big\{ g' \, : \, g' = g \cup \{U_i\} \, \wedge \, g \in \mathbf{G} \ (i = 1, \ldots, n + 1) \Big\} \cup \{u\}$ aus $n^2 + n + 1$ Geraden. Für diese neue Struktur $(\mathbf{P}', \mathbf{G}')$ gelten folgende Eigenschaften:

(I') $\forall A, B \in \mathbf{P}'\Big(A \neq B \implies \exists!! g \in \mathbf{G}'(A \in g \quad \wedge \quad B \in g)\Big)$
(Durch je 2 verschiedene Punkte geht *genau eine* Gerade).

(II') $\forall g, h \in \mathbf{G}'\Big(g \neq h \implies \exists!! P \in \mathbf{P}'(P \in g \quad \wedge \quad P \in h)\Big)$
(Je 2 verschiedene Geraden schneiden sich in *genau einem* Punkt).

(III') $\exists A, B, C, D \in \mathbf{P}' \ \forall g \in \mathbf{G}'(A, B \in g \implies C, D \notin g)$
(Es gibt 4 Punkte von denen keine 3 auf derselben Geraden liegen).

Aus diesen Eigenschaften kann der Leser leicht die folgende herleiten:

(IV') $\exists a, b, c, d \in \mathbf{G}' \ \forall P \in \mathbf{P}'(P \in a \cap b \implies P \notin (c \cup d)$
(Es gibt 4 Geraden von denen keine 3 durch denselben Punkt gehen).

Definition 1.2.3. *Ist $\mathbf{P}'$ eine beliebige Menge mit einem System $\mathbf{G}'$ von Teilmengen, sodass die Eigenschaften (I')–(III') gelten, dann heißt das Paar $(\mathbf{P}', \mathbf{G}')$ **projektive Inzidenzebene** oder hier kurz **projektive Ebene**.*

Wenn auf einer Geraden einer projektiven Ebene $n + 1$ Punkte liegen, so müssen auf jeder Geraden $n + 1$ Punkte liegen, und man nennt dann n (!) die *Ordnung* dieser projektiven Ebene. Außerdem erkennt man aus den Eigenschaften (I')–(IV') sofort das sogenannte *Dualitätsprinzip* für projektive Ebenen: Vertauscht man in einer wahren Aussage der Theorie der projektiven Ebenen die Begriffe „Punkt" und „Gerade" sowie „liegt auf" und „geht durch", so entsteht wieder eine wahre Aussage über projektive Ebenen. Die Abb. 1.3 veranschaulicht unsere Erzeugung einer

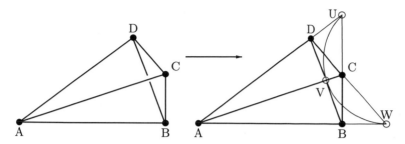

Abb. 1.3 Affine zu projektiver Ebene

projektiven Ebene aus einer affinen für den einfachsten Fall der affinen Vierpunkteebene $(\mathbf{P}_4, \mathbf{G}_4)$: Der Parallelklasse, die aus den beiden parallelen Geraden $g(AD)$ und $g(BC)$ von $\mathbf{G}_4$ besteht, wird der Fernpunkt U zugeordnet usw. Es ergeben sich die Ferngerade $u = \{U, V, W\}$, die in der Skizze als Kreisbogen erscheint, und die neuen Geraden $\{A, D, U\}$, $\{A, C, V\}$ usw. – aus der affinen Vierpunkteebene $(\mathbf{P}_4, \mathbf{G}_4)$ ist die projektive *Siebenpunkteebene* $(\mathbf{P}_7', \mathbf{G}_7')$ entstanden, eine völlig neue „ebene" Geometrie, in der es *keine* parallele Geraden gibt. Das rundet unsere Betrachtungen zum Parallelenproblem ab.

In diesem Abschnitt haben wir nur einen kleinen Einblick in eine endliche und damit eine diskrete Geometrie gegeben. Eine ausführliche Theorie endlicher affiner Ebenen und Verallgemeinerungen wird z. B. in Dembowski (1968) entwickelt. Natürlich können auch affine und projektive *Räume* untersucht werden. Für den dreidimensionalen Fall benötigt man dann den weiteren Grundbegriff der Ebene mit entsprechenden Axiomen wie „Durch je drei nicht kollineare Punkte geht genau eine Ebene." Dazu verweisen wir auf das auch für Schüler gut lesbare Buch (Beutelspacher und Rosenbaum 1992).

Der Leser, der hier erstmalig den axiomatischen Aufbau noch dazu einer *endlichen* Geometrie kennengelernt hat, wird sich sicher fragen, ob es sich dabei um eine rein theoretische, innermathematische Angelegenheit, wenn nicht sogar „Spielerei", handelt. Das ist aber keineswegs der Fall. Es gibt für die eingeführten Strukturen ganz wesentliche Anwendungen z. B. in der Designtheorie, über die Theorie der Blockpläne für die statistische Versuchsplanung, in der Codierungstheorie und der Kryptologie. Eine Reihe schöner Beispiele dafür findet sich z. B. in Beutelspacher (1982) und Beutelspacher und Rosenbaum (1992).

1.3 Endliche metrische Räume

Im vorigen Abschnitt haben wir Geometrien axiomatisch auf dem grundlegenden Begriff der Inzidenzrelation aufgebaut nach altem euklidischen Vorgehen. Jetzt wollen wir den Begriff des *Abstandes* von Punkten, also das Messen, als Ausgangsbegriff verwenden.

Definition 1.3.1. *Ein **metrischer Raum** (R, d) ist eine Menge R mit einer Abstandsfunktion d, der **Metrik**, mit folgenden Eigenschaften:*

(0) $R \neq \emptyset$ und $d : R \times R \to \mathbb{R}$,

(1) $\forall x, y \in R \left(d(x, y) = 0 \iff x = y \right)$,

(2) $\forall x, y \in R \left(d(x, y) = d(y, x) \right)$ (d ist „symmetrisch"),

(3) $\forall x, y, z \in R \left(d(x, y) + d(y, z) \geq d(x, z) \right)$ (Dreiecksungleichung).

*Ein metrischer Raum (R, d) heißt **endlich**, wenn R eine endliche Menge ist.*

Auch hier wollen wir eine erste einfache Eigenschaft herleiten, die gelegentlich mit in die Definition aufgenommen wird.

Satz 1.3.1. *In jedem metrischen Raum (R, d) gilt*

(4) $\forall x, y \in R \left(d(x, y) \geq 0 \right)$ (d ist „positiv definit").

Beweis. Seien $x, y \in R$ beliebig, dann gilt nach (1) zunächst $0 = d(x, x)$, und mit der Dreiecksungleichung folgt $0 = d(x, x) \leq d(x, y) + d(y, x)$, woraus wegen der Symmetrie von d folgt $0 = d(x, x) \leq d(x, y) + d(y, x) = d(x, y) + d(x, y) = 2d(x, y)$, also $0 \leq d(x, y)$. $\qquad\square$

Wir fragen nach Beispielen für metrische Räume. In der Schule lernt man wohl mindestens zwei Abstandsbegriffe kennen (leider ohne die Erwähnung des Begriffs „metrischer Raum"), nämlich den Abstand $d(x, y) := |x - y|$ für reelle Zahlen $x, y \in \mathbb{R}$ und den Abstand von zwei Punkten $P_1, P_2 \in \mathbb{R}^2$ in der euklidischen Koordinatenebene $\mathbb{R}^2$ mit $d(P_1, P_2) = |P_1 P_2| := \sqrt{(x_1 - x_2)^2 + (y_1 - y_2)^2}$, wenn die Punkte P_i die entsprechenden Koordinaten $P_i(x_i, y_i)$ haben, was auch als Länge $|P_1 P_2|$ der Strecke $P_1 P_2$ aufgefasst werden kann. Der Leser kann nun leicht nachprüfen, dass diese Abstandsbegriffe die Forderungen unserer Definition des metrischen Raumes erfüllen, und natürlich gilt allgemeiner für den n-dimensionalen euklidischen Raum $\mathbb{R}^n$, dass $(\mathbb{R}^n, d_e)$ ein metrischer Raum ist mit der *euklidischen Metrik* $d_e(X, Y) = d_e(\vec{x}, \vec{y}) := \sqrt{\sum_{i=1}^{n}(x_i - y_i)^2}$ für Punkte $X, Y \in \mathbb{R}^n$ mit den entsprechenden Ortsvektoren $\vec{x} = (x_1, x_2, \ldots, x_n)$ bzw. $\vec{y} = (y_1, \ldots, y_n)$. Endliche metrische Räume mit kleiner Punktanzahl, z. B. (X_4, d_I) mit $X_4 = \{x_1, x_2, x_3, x_4\}$ oder (Y_5, d_{II}) mit $Y_5 = \{y_1, \ldots, y_5\}$ lassen sich durch eine *Metriktabelle* beschreiben:

d_I	x_1	x_2	x_3	x_4
x_1	0	1	3	2
x_2		0	2	2
x_3			0	2
x_4				0

d_{II}	y_1	y_2	y_3	y_4	y_5
y_1	0	3	4	2	2
y_2		0	3	2	2
y_3			0	2	2
y_4				0	4
y_5					0

Wegen der Symmetrie der Metrik genügt die Angabe einer solchen „Dreieckstabelle". Es ist dann nur noch die Gültigkeit der Dreiecksungleichung zu prüfen, was für unsere beiden Beispiele (X_4, d_I) und (Y_5, d_{II}) dem Leser noch leicht „per Hand" empfohlen werden kann, für größere Punkteanzahlen aber der Computer erledigen sollte.

Als Motivation für die Erwähnung von zwei weiteren wichtigen Metriken verweisen wir auf die Computergrafik bzw. Bildschirmgeometrie, einem der wichtigsten Anwendungsfelder der Diskreten Geometrie. Der Leser weiß oder erkennt durch eine gute Lupe, dass Bilder und geometrische Objekte auf einem Computermonitor aus kleinen (verschiedenfarbigen) Quadraten, den *Pixeln,* bestehen. Geometrie mit dem Computer spielt sich also eigentlich in einem Raum bzw. einer Ebene mit nur endlich vielen Punkten ab. Das sind etwa 1024 mal 768 Punkte (Pixel). Der Mathematiker bettet diese endliche Menge natürlich in das Standardgitter $\mathbb{Z}^2$ ein, so dass beliebige Punkte mit ganzzahligen Koordinaten angesprochen werden können und der Bildschirm somit ein endlicher Ausschnitt aus dieser unendlichen, aber *diskreten,* Ebene ist. Der heutige Nutzer des Computers braucht sich keine Gedanken darüber zu machen, wie durch den Computer zwei verschiedene Punkte P_1, P_2 in so einem Quadrategitter durch eine Strecke $P_1 P_2$ zu verbinden sind und wie diese auszusehen hat. Aber der Programmierer, der den entsprechenden Befehl in eine Grafikroutine eingearbeitet hat, musste das sehr wohl. Die Idee ist dabei natürlich, dass die Pixelfolge von dem „Quadrat" P_1 zum Quadrat P_2 möglichst kurz sein soll und immer von einem Pixel über ein *benachbartes* Pixel führen soll. Nun gibt es aber zwei wesentlich verschiedene Auffassungen, was Nachbarschaft von Quadraten im Gitter bedeutet. Eine mögliche Definition verlangt, zwei Gitterquadrate sind benachbart, wenn sie längs einer ganzen Quadratseite zusammenhängen. Dann hat also jedes Pixel genau 4 Nachbarn, und wir sprechen von der *Vier-Nachbarschaft.* Genau diese vier Nachbarn eines Punktes (Pixels) P haben also den Abstand 1 von P. Die entsprechende Metrik in unserer Gittergeometrie ist demnach $d_4(P_1, P_2) := |x_1 - x_2| + |y_1 - y_2|$, wenn die Punkte $P_i(x_i, y_i)$ die (ganzzahligen) Koordinaten x_i, y_i haben. Der Leser sollte nachprüfen, dass damit $(\mathbb{Z}^2, d_4)$ ein metrischer Raum ist. Selbstverständlich stellt der hier definierte Abstand d_4 auch eine Metrik im $\mathbb{R}^2$ dar und kann in naheliegender Weise auf den $\mathbb{R}^n$ ausgedehnt werden zur sogenannten *Betragssummenmetrik* auch *Manhattan-Metrik* genannt. Unter Ausnutzung des Anstiegs der Geraden durch P_1, P_2 kann dann mit einem geeigneten Algorithmus (dem sogenannten symmetrischen digitalen Differentialanalysator DDA) der Computer zum Zeichnen der Strecke $P_1 P_2$ veranlasst werden.

Ein anderer Begriff der Nachbarschaft von zwei Quadraten (Pixeln) verlangt, dass diese wenigstens einen Punkt gemeinsam haben. Das braucht dann auch nur ein Eckpunkt zu sein. Somit hat jedes Gitterquadrat genau 8 Nachbarn, und wir

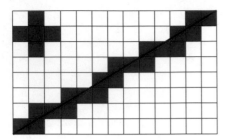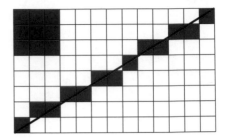

Abb. 1.4 Streckenapproximation mit Gittermetriken d_4 und d_8

sprechen von einer *Acht-Nachbarschaft*. Natürlich sollen diese 8 Nachbarn eines Punktes P von diesem den Abstand 1 haben. Die dazugehörige Metrik muss dann durch $d_8(P_1, P_2) := \max\{|x_1 - x_2|, |y_1 - y_2|\}$ definiert werden. Der Leser kann die entsprechenden Eigenschaften leicht nachweisen. Es handelt sich um die sogenannte *Maximummetrik,* die sich wiederum auch auf den $\mathbb{R}^n$ übertragen lässt. Abb. 1.4 zeigt die unterschiedlichen Ergebnisse der Approximation einer Strecke $P_1 P_2$ durch den DDA-Liniengenerator bei Vier- bzw. Acht-Nachbarschaft. Es sind reizvolle Übungen, andere geometrische Objekte (Dreiecke, Kreise usw.) in einem Quadratgitter mit den unterschiedlichen Metriken d_4 und d_8 zu konstruieren – die entsprechenden Einheitskreise (Nachbarschaften) sind in der Abbildung jeweils oben links angegeben.

Zurück zu endlichen metrischen Räumen! Wie viele Elemente können sie haben? Eine interessante Antwort gibt der folgende

Satz 1.3.2. *Jede Menge $M \neq \emptyset$ wird mit der **diskreten Metrik***

$$d_0(x, y) := \begin{cases} 0 & \text{für } x = y \\ 1 & \text{für } x \neq y \end{cases}$$

zu einem metrischen Raum (M, d_0).

Der einfache Beweis kann dem Leser als Übung überlassen werden. Insbesondere gibt es jedenfalls zu jeder natürlichen Zahl $n \in \mathbb{N}^*$ mindestens einen metrischen Raum mit $n \geq 1$ Elementen. Wir führen nun einige geometrische Begriffe in metrischen Räumen ein, die auch für viele Anwendungen z. B. in der Computergeometrie und Graphentheorie wichtig sind.

Definition 1.3.2. *Sei (R, d) ein (endlicher) metrischer Raum mit $x, y, z \in R$.*

*a) z liegt **zwischen** x und y (xzy) $:\Longleftrightarrow$*

$$x \neq y \neq z \neq x \quad \wedge \quad d(x, z) + d(z, y) = d(x, y).$$

*b) Die Menge $xy := \{z : (xzy)\} \cup \{x, y\}$ heißt d-**Strecke** mit den Endpunkten x, y.*

c) *Eine Teilmenge $K \subseteq R$ des Raumes R heißt d-konvex, wenn sie mit je
   zwei Punkten x, y stets die ganze d-Strecke xy enthält:*

$$K \in \mathbf{K}_d(R) \quad :\Longleftrightarrow \quad \forall x, y \in K \ (xy \subseteq K).$$

d) *Für beliebige Mengen $M \subseteq R$ heißt die Menge*

$$\mathrm{conv}(M) := \bigcap \{K \in \mathbf{K}_d(R) : M \subseteq K\}$$

*(d-) **konvexe Hülle** von M.*

e) *Wir nennen (R,d) einen **natürlichen metrischen Raum**, wenn d die
   natürliche Metrik ist, d. h. $\forall x, y \in R \left(d(x, y) \in \mathbb{N} \right)$.*

Zunächst beweisen wir einige einfache Eigenschaften der „Konvexität" in metrischen
Räumen.

Satz 1.3.3. *Für beliebige metrische Räume (R, d) gilt*

*(1) die Menge $\mathbf{K}_d(R)$ aller d-konvexen Mengen in R ist durchschnittsabgeschlossen,
d. h. der Durchschnitt einer beliebigen Menge d-konvexer Teilmengen von R ist
wieder eine d-konvexe Menge:*

$$\forall \mathbf{K}' \subseteq \mathbf{K}_d(R) \left(\bigcap \mathbf{K}' \in \mathbf{K}_d(R) \right),$$

*(2) die konvexe Hülle einer beliebigen Teilmenge $M \subseteq R$, die leere Menge, R selbst
und alle einelementigen Mengen sind d-konvex:*

$$\mathrm{conv}(M), \ \emptyset, \ R, \ \{x\} \in \mathbf{K}_d(R).$$

Beweis. Zum Nachweis von (1) gelte $\mathbf{K}' \subseteq \mathbf{K}_d(R)$ und $x, y \in K_0 := \bigcap \mathbf{K}'$, es
gilt also $\forall K \in \mathbf{K}'(x, y \in K)$. Da jede Menge K d-konvex ist folgt nach Definition
von d-konvex und d-Strecke $\forall K(xy \subseteq K)$, also gilt auch $xy \subseteq K_0$, womit die
d-Konvexität von K_0 erwiesen ist. Nach der Definition der d-konvexen Hülle ist
damit aber auch d-$\mathrm{conv}(M) \in \mathbf{K}_d(R)$ klar. Ebenso folgt die d-Konvexität der leeren
Menge, der einelementigen Mengen und des ganzen Raumes sofort aus der Definition
der d-Konvexität. $\qquad\qquad\qquad\qquad\qquad\qquad\qquad\qquad\qquad\qquad\qquad\qquad\qquad\qquad\quad\square$

Zu den wichtigsten Beispielen endlicher metrischer Räume gehören die „Graph-
Räume". Zu ihrer Definition ist ein kleiner Exkurs in die Graphentheorie erforderlich, einem Gebiet, welches eigentlich auch in den Schulunterricht gehörte, aber wie
alle heute so wichtige diskrete bzw. kombinatorische Mathematik leider völlig vernachlässigt wird. Wir benötigen hier nur die elementarsten Anfangsbegriffe. Dem
interessierten Anfänger empfehlen wir als gute Einführung z. B. das Buch (Diestel
2006). Ein *Graph* ist ein geordnetes Paar $G = (V, E)$ aus einer Menge V, den *Ecken*

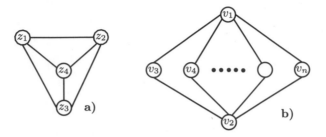

Abb. 1.5 Graphmetrische Räume

(vertices), auch Knoten genannt, und einer Menge E von zweielementigen Teilmengen von V, den *Kanten* (edges). Ein Graph heißt *endlich,* wenn seine Eckenmenge (und damit auch seine Kantenmenge) endlich ist. Die Anzahl $|V|$ der Knoten heißt dann *Ordnung* von G. Eine Ecke x und eine Kante e sind *inzident* (inzidieren miteinander), wenn $x \in e$ gilt, also z. B. für $e = \{x, y\}$. In diesem Fall heißen die Knoten x und y insbesondere auch *benachbart,* und x und y sind die *Endknoten* der Kante e. Die Anzahl $g(x)$ aller mit der Ecke x inzidierenden Kanten heißt *Knotengrad* oder kurz Grad von x. Für zwei Knoten $x_0, x_n \in V$ heißt der *Teilgraph*

$$w(x_0, x_n) := \left(\{x_0, x_1, \ldots, x_n\}, \Big\{ \{x_0, x_1\}, \{x_1, x_2\}, \ldots, \{x_{n-1}, x_n\} \Big\} \right)$$

von G ein x_0 und x_n verbindender *Weg,* wenn die x_i paarweise verschieden sind und die $\{x_i, x_{i+1}\}$ Kanten in G sind. Wir schreiben dafür auch kurz $w(x_0, x_n) = x_0 x_1 \ldots x_n$. Existiert zu je zwei Knoten $x, y \in V$ eines Graphen $G = (V, E)$ ein x und y verbindender Weg $w(x, y)$, so heißt G *zusammenhängender Graph.* Die Anzahl n der Kanten in $w(x_0, x_n)$ heißt *Länge* des Weges $w(x_0, x_n)$. Mit $l(x, y)$ bezeichnen wir die Länge eines *kürzesten* Weges von x nach y. Dann kann der Leser leicht nachweisen, dass für zusammenhängende Graphen l die Metrikeigenschaften erfüllt, es gilt also folgender

Satz 1.3.4. *Für jeden zusammenhängenden endlichen Graphen (V, E) ist (V, l) ein endlicher metrischer Raum.*

Wir nennen einen solchen Raum *graphmetrischen Raum* oder kurz *Graphraum.* Abb. 1.5 zeigt zwei Beispiele, in denen der Abstand l von benachbarten Knoten den Wert 1 hat (z. B. $l(z_1, z_2) = 1$) und der Abstand von nicht benachbarten Knoten durch Addition dieser Werte längs eines kürzesten Weges bestimmt ist (z. B. $l(v_3, v_4) = l(v_3, v_1) + l(v_1, v_4) = l(v_3, v_2) + l(v_2, v_4) = 1 + 1 = 2$).

Wenn wir bei der obigen Definition des Weges $w(x_0, x_n)$ in einem Graphen $G = (V, E)$ zulassen, dass (lediglich) $x_0 = x_n$ gelten darf, so heißt ein solcher geschlossener Weg *Kreis* in G. Enthält ein zusammenhängender Graph G keinen Kreis, so heißt G *Baum.* Für endliche zusammenhängende Graphen $G_n = (V_n, E)$ mit $|V_n| = n$ Knoten ($n \in \mathbb{N}$) kann der Leser mittels vollständiger Induktion nach n sicher die folgenden Aussagen beweisen.

Lemma 1.3.1.

a) *In jedem zusammenhängenden Graphen $G_n = (V_n, E)$ gilt für die Anzahl der Kanten $|E| \geq n - 1$, wobei Gleichheit genau dann gilt, wenn G_n ein Baum ist.*
b) *Ist der Graph G_n ein Baum, so besitzt er mindestens einen Knoten $x \in V_n$ vom Grad $g(x) = 1$.*

Nun kehren wir zur „Konvexgeometrie" in endlichen metrischen Räumen zurück. Von Hauptinteresse ist dabei die Frage nach der Anzahl $|\mathbf{K}_d|$ d-konvexer Mengen in einem (endlichen) metrischen Raum (R, d).

Definition 1.3.3.

a) *In einem n-elementigen metrischen Raum (R_n, d) bezeichne $p_i(R_n)$ die Anzahl der i-elementigen d-konvexen Mengen in R_n, $p(R_n) = |\mathbf{K}_d(R_n)|$ die Anzahl aller d-konvexen Mengen in R_n.*
b) *$\mu(n) := \min\{p(R_n) : (R_n, d) \text{ metrischer Raum}\}$ bezeichne die Minimalzahl d-konvexer Mengen für n-elementige metrische Räume.*

Nach Satz 1.3.3 gilt für alle metrischen Räume (R_n, d) mit n Punkten $p_0(R_n) = p_n(R_n) = 1$ und $p_1(R_n) = n$ und folglich für alle $n > 1$ die Ungleichung $p(R_n) \geq \mu(n) \geq n + 2$. Auch eine obere Schranke für die Anzahl d-konvexer Mengen ist leicht zu finden, denn es gibt metrische Räume, in denen *jede* Teilmenge d-konvex ist.

Satz 1.3.5. *Zu jeder natürlichen Zahl $n > 1$ existiert ein metrischer Raum (R_n, d) mit $p(R_n) = 2^n$.*

Beweis. Man versehe eine beliebige n-elementige Menge R_n ($n \geq 2$) mit der diskreten Metrik d_0 (vgl. Satz 1.3.2). Dann sind alle Zweiermengen konvex und somit ist jede Teilmenge von R_n konvex, so dass gilt $p(R_n) = |2^{R_n}| = |\mathbf{K}_{d_0}(R_n)| = 2^n$. Abb. 1.5a) zeigt einen Graphraum mit $n = 4$ Knoten, der diese Eigenschaft $p(R_4) = 2^4 = 16$ hat.   □

Als Folgerung aus unseren bisherigen Betrachtungen ergibt sich für die Anzahl d-konvexer Mengen in einem metrischen Raum (R_n, d) für alle $n > 1$ die Ungleichung

$$(*) \quad n + 2 \leq \mu(n) \leq p(R_n) \leq 2^n.$$

Dabei wird die obere Schranke nach Satz 1.3.5 auch angenommen während die untere Schranke nur für $n = 2$ realisierbar ist. Es ist eine sehr reizvolle Aufgabe, für kleine natürlichen Zahlen n metrische Räume (R_n, d) zu konstruieren und nach ihren „Konvexitätsvektoren" $\big(p_2(R_n), \ldots, p_{n-1}(R_n)\big)$ zu klassifizieren. Man findet leicht $\mu(1) = p(R_1) = 2$, $\mu(2) = p(R_2) = 4$ und $\mu(3) = 7$ z. B. für einen Baum mit

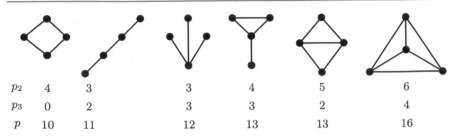

p_2	4	3	3	4	5	6
p_3	0	2	3	3	2	4
p	10	11	12	13	13	16

Abb. 1.6 Konvexstruktur in Graphen der Ordnung 4

3 Knoten als graphmetrische Realisierung $\left(\{a, b, c, \}, \left\{\{a, b\}, \{b, c\}\right\}\right)$ mit $p_2 = 2$ konvexen Zweiermengen. Die einzige andere Konvexstruktur für $n = 3$ kann durch einen „Dreikreis" graphmetrisch realisiert werden, also durch den Graphen $\left(\{a, b, c, \}, \left\{\{a, b\}, \{b, c\}, \{c, a\}\right\}\right)$ mit $p_2 = 3$ und $p(R_3) = 8 = 2^3$.

Sämtliche zusammenhängende Graphen der Ordnung 4 mit ihren Konvexitätsvektoren sind in der Abb. 1.6 dargestellt. Es sind zwei schöne Übungen, nachzuweisen, dass es keinen vierelementigen metrischen Raum (R_4, d) geben kann mit weniger als $p(R_4) = 10$ konvexen Teilmengen und auch keinen mit $p(R_4) = 15$ konvexen Teilmengen. Wohl aber gibt es vierelementige metrische Räume mit genau 14 konvexen Teilmengen, die sich aber nicht graphmetrisch realisieren lassen. Ein Vertreter dieses Typs ist unser Eingangsbeispiel (X_4, d_I) mit $X_4 = \{x_1, x_2, x_3, x_4\}$ und der angegebenen Metriktabelle auf S. 19. In diesem Raum sind die Mengen

$$\{x_1, x_2\}, \{x_1, x_4\}, \{x_2, x_3\}, \{x_2, x_4\}, \{x_3, x_4\} \quad \left(p_2(X_4) = 5\right) \text{ und}$$

$$\{x_1, x_2, x_3\}, \{x_1, x_2, x_4\}, \{x_2, x_3, x_4\} \quad \left(p_3(X_4) = 3\right)$$

konvex, so dass $p(X_4) = 14$ gilt.

Für die Untersuchung der Konvexstrukturen im Fall $n > 4$ sind zwei Aussagen über die Anzahl der zweielementigen konvexen Mengen nützlich (vgl. Hertel 1994).

Satz 1.3.6. *Für endliche metrische Räume (R_n, d) mit $n > 1$ Punkten gilt*

(A) $p_2(R_n) \geq n - 1$ *und*
(B) $p_2(R_n) = n - 1 \implies p_{n-1}(R_n) \geq 1$.

Beweis. Wir ordnen dem metrischen Raum (R_n, d) den Graphen $G_n := (R_n, E)$ zu mit der Knotenmenge R_n und den Kanten $\{x, y\} \in E$ für $x \neq y$, falls xy eine zweielementige d-Strecke im metrischen Raum (R_n, d) ist. Dann ist G_n offenbar ein zusammenhängender Graph, besitzt also nach Lemma 1.3.1a) mindestens $n - 1$ Kanten, denen im Raum R_n d-konvexe Zweiermengen entsprechen, womit (A) bewiesen ist. Besitzt G_n als zusammenhängender Graph genau $n - 1$ Kanten, der metrische Raum also genau $n - 1$ konvexe Zweiermengen, dann ist G_n ein Baum und besitzt nach Lemma 1.3.1b) wenigstens einen Knoten x_0 vom Grad $g(x_0) = 1$.

Dann ist aber $R_{n-1} := R_n \setminus \{x_0\}$ eine im Raum R_n $(n-1)$-elementige d-konvexe Menge, womit auch (B) bewiesen ist. $\qquad\qquad\qquad\qquad\qquad\qquad\square$

Als Folgerung ergibt sich $p_2(R_n) + p_{n-1}(R_n) \geq n$, und wir können unsere obige Ungleichung (∗) verschärfen zu $2n + 2 \leq \mu(n) \leq p(R_n) \leq 2^n$ für alle metrischen Räume (R_n, d) mit $n > 3$. Unsere obigen Berechnungen von $\mu(n)$ für $n = 2, 3, 4$ lassen sogar für die untere Schranke der Anzahl d-konvexer Mengen in n-elementigen metrischen Räumen $\mu(n) = 3n - 2$ vermuten. Zu dieser Schranke existiert auch immer ein metrischer Raum (R_n, d) mit der entsprechenden Anzahl konvexer Mengen, nämlich der (graphmetrische) Raum vom Typ in der Abb. 1.5b), also $R_n = \{v_1, \ldots, v_n\}$ mit $d(v_1, v_i) = d(v_2, v_i) = 1$ für $i = 3, \ldots, n$ und $d(v_1, v_2) = 2$. Für diesen Raum ist die konvexe Hülle jeder Teilmenge mit mehr als 2 Elementen immer der ganze Raum: $d\text{-conv}(\{v_k, v_l, v_m\}) = R_n$, und es gilt $p_2(R_n) = 2(n-2)$, also $p(R_n) = 3n - 2$. V.P. Soltan (1984) konnte für Graphräume $\mu(n) = 3n - 2$ als untere Schranke für die Anzahl d-konvexer Mengen beweisen. Für beliebige metrische Räume wurde in (Hertel 1994) bewiesen, dass für $n \geq 8$ immer $p(R_n) \geq \frac{5}{2}n + 2$ gilt. Die stärkere Vermutung von Soltan bleibt aber als

Problem 2. *Gilt für beliebige metrische Räume (R_n, d) mit $n \geq 2$ Punkten $\mu(n) = 3n - 2$?*

1.4 Hammingräume (Würfelgeometrie)

Als Einführung in unser letztes Beispiel einer endlichen Geometrie stellen wir folgende „fast" elementare geometrische Frage: Für welche Dimensionen n kann ein reguläres n-dimensionales Simplex *eckentreu* in einen n-dimensionalen Würfel eingebettet werden? Können etwa die Ecken eines gleichseitigen Dreiecks zugleich Ecken eines Quadrates sein? Zur Klärung der Begriffe beginnen wir mit einem kleinen Exkurs in die Polyedergeometrie des $\mathbb{R}^n$. Die große Bedeutung der Polyedergeometrie besteht darin, dass jedes reale Objekt (mathematisch jede kompakte Punktmenge) beliebig gut durch Polyeder approximiert (angenähert) werden kann. Und genau das wird bei jeder Anwendung des Computers heute genutzt. Damit hat die alte klassische Geometrie der Polyeder in den letzten Jahrzehnten einen großen Aufschwung erfahren. Zunächst benötigen wir einige Grundbegriffe der höherdimensionalen Analytischen Geometrie. Wir arbeiten im n-dimensionalen reellen euklidischen (Vektor-) Raum $\mathbb{R}^n$. Der weniger Kundige denke an die schulmäßigen Fälle der Ebene ($n = 2$) und des gewöhnlichen euklidischen Raumes ($n = 3$). Die Punkte des $\mathbb{R}^n$, die wir auch als Ortsvektoren in einem kartesischen Koordinatensystem auffassen können, sind n-Tupel $\mathbf{x} = (x_1, \ldots, x_n)$ reeller Zahlen. Die *Koordinateneinheitsvektoren* bezeichnen wir mit $\mathbf{e}_1 = (1, 0, \ldots, 0)$, $\mathbf{e}_2 = (0, 1, 0, \ldots, 0), \ldots, \mathbf{e}_n = (0, \ldots, 0, 1)$. k Vektoren $\mathbf{a}_i = (a_{i1}, \ldots, a_{in})$ $(i = 1, \ldots, k)$ sind *linear unabhängig,* wenn sich keiner dieser Vektoren aus den übrigen linear kombinieren lässt bzw.

die Linearkombination $\mathbf{e}_0 = \sum_1^k \lambda_i \mathbf{a}_i$ des Nullvektors $\mathbf{e}_0 := (0, \ldots, 0)$ nur auf die triviale Art $\lambda_i = 0$ $(i = 1, \ldots, d)$ möglich ist. Solche k linear unabhängigen Vektoren spannen einen k-dimensionalen *linearen Unterraum* des $\mathbb{R}^n$ auf, das ist die Menge aller Vektoren (Punkte) $\mathbf{x} = \sum_{i=1}^k \lambda_i \mathbf{a}_i$ $(\lambda_i \in \mathbb{R})$. Wird ein solcher Unterraum um einen festen Vektor $\mathbf{a}_0$ „verschoben", so bilden die Punkte mit den Ortsvektoren

$$\mathbf{x} = \mathbf{a}_0 + \sum_{i=1}^k \lambda_i \mathbf{a}_i$$

einen k-dimensionalen *affinen Unterraum* A_k des n-dimensionalen Raumes $\mathbb{R}^n$. Für $k = 0$ ist das der *Punkt A_0* mit dem Ortsvektor $\mathbf{a}_0$, für $k = 1$ die *Gerade $g(A_0 B_0) = \{\mathbf{x} : \mathbf{x} = \mathbf{a}_0 + \lambda \mathbf{a}_1$ $(\lambda \in \mathbb{R})\}$*, wenn $\mathbf{b}_0 = \mathbf{a}_0 + \mathbf{a}_1$ der Ortsvektor von B_0 ist, für $k = 2$ eine *Ebene*, und für $k = n - 1$ heißt er im Fall $n > 3$ *Hyperebene*. Allgemein bezeichnen wir den affinen Unterraum A_k auch kurz als *k-Ebene*. Für eine beliebige Punktmenge $\mathcal{M} \subseteq \mathbb{R}^n$ des n-dimensionalen euklidischen Raumes heißt die kleinste natürliche Zahl k, für die $\mathcal{M}$ in einem k-dimensionalen affinen Unterraum A_k liegt, die *Dimension* von $\mathcal{M}$:

$$\dim \mathcal{M} := \min\{k \in \mathbb{N} : \mathcal{M} \subseteq A_k\}.$$

Zu den $n - 1$ eine Hyperebene

$$H := A_{n-1} = \left\{ \mathbf{x} \in \mathbb{R}^n : \mathbf{x} = \mathbf{a}_0 + \sum_1^{n-1} \lambda_i \mathbf{a}_i \ \wedge \ \lambda_i \in \mathbb{R} \ (i = 1, \ldots, n-1) \right\}$$

aufspannenden Vektoren $\mathbf{a}_i = (a_{i1}, \ldots, a_{in})$ existiert immer ein Vektor $\mathbf{v} = (v_1, \ldots, v_n)$, dessen *Skalarprodukt* mit den Vektoren $\mathbf{a}_i$ verschwindet: $\mathbf{a}_i \mathbf{v} := \sum_{j=1}^n a_{ij} v_j = 0$. Das heißt $\mathbf{v}$ ist zu allen $\mathbf{a}_i$ *orthogonal*, $\mathbf{v}$ ist senkrecht zur Hyperebene H und heißt *Normalenvektor* von H (s. Abb. 1.7). Damit kann H auch beschrieben werden durch die Gleichung

$$\mathbf{x}\mathbf{v} = \underbrace{\mathbf{a}_0\mathbf{v}}_{=:\alpha} + \sum_{i=1}^{n-1} \lambda_i \underbrace{\mathbf{a}_i\mathbf{v}}_{=0} = \alpha,$$

also $H = \{\mathbf{x} \in \mathbb{R}^n : \mathbf{x}\mathbf{v} = \alpha\}$. Eine solche Hyperebene zerlegt den Raum $\mathbb{R}^n$ in zwei (abgeschlossene) *Halbräume:* $H^+ := \{\mathbf{x} \in \mathbb{R}^n : \mathbf{x}\mathbf{v} \geq 0\}$ und $H^- := \{\mathbf{x} \in \mathbb{R}^n : \mathbf{x}\mathbf{v} \leq 0\}$.

Mit der wenigstens für die Dimensionen $n = 2, 3$ aus der Schule bekannten Definition des Abstandes $\rho(A, B) = \rho(\mathbf{a}, \mathbf{b}) = |\mathbf{a} - \mathbf{b}| := \sqrt{\sum_{i=1}^n (a_i - b_i)^2}$ von Punkten A, B mit den Ortsvektoren $\mathbf{a}, \mathbf{b}$ bzw. der Länge $l(AB)$ einer Strecke AB wird der euklidische Raum $(\mathbb{R}^n, \rho)$ zu einem metrischen Raum, und wir können wie

Abb. 1.7 Hyperebene H

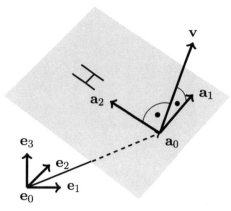

in 1.3 den Begriff der Konvexität und der konvexen Hülle einführen. Dabei lässt sich die *Zwischenrelation* jetzt auch äquivalent definieren: Ein Punkt C liegt genau dann zwischen den Punkten A, B, wenn C auf der Strecke AB (s. u.) liegt mit $C \neq A$, B.

Nun können wir den Begriff des Polyeders und seine analytische Beschreibung erklären.

Definition 1.4.1.

*a) Ein **konvexes Polyeder** P ist die konvexe Hülle einer endlichen Punktmenge des euklidischen Raumes:*

$$P = conv(\mathcal{M}) \quad \wedge \quad \mathcal{M} \subseteq \mathbb{R}^n \quad \wedge \quad |\mathcal{M}| < \infty.$$

b) Im Fall $\dim \mathcal{M} = d$ *heiße* P *kurz **d-Polytop**.*
c) Eine Teilmenge F_k *von* P *heißt **k-Seite** von* P, *wenn eine Hyperebene* H *existiert mit folgenden Eigenschaften:*

(1) P liegt ganz im „inneren" Halbraum von H: $P \subseteq H^-$,
(2) $F_k = H \cap P$ und
(3) $\dim F_k = k$.

*Für $k = 0$ heißt $F_k = F_0$ Eckpunkt oder kurz **Ecke**, die Menge aller Eckpunkte von P wird durch $\mathrm{vert}(P)$ bezeichnet. Für $k = 1$ heißt $F_k = F_1$ **Kante** und für $k = d - 1$ heißt $F_k = F_{d-1}$ **Seitenfläche** des d-Polytops P für $d > 2$.*

Wir ergänzen diese Definition durch einige Bemerkungen.

1. Jedes Polytop P ist die konvexe Hülle seiner Eckpunkte: $P = \mathrm{conv}(\mathrm{vert}\,(P))$.
2. Jede k-Seite F_k eines d-Polytops ist selbst ein k-Polytop.

3. Mit der Eckpunktmenge $\text{vert}(P) = \{\mathbf{x_1}, \mathbf{x_2}, \dots, \mathbf{x_m}\}$ kann ein d-Polytop gut analytisch beschrieben werden durch

$$P = \text{conv}\{\mathbf{x_1}, \dots, \mathbf{x_m}\} = \left\{\mathbf{x} \in \mathbb{R}^n : \mathbf{x} = \sum_{i=1}^{m} \lambda_i \mathbf{x_i} \ \ (0 \leq \lambda_i; \ \sum_{1}^{m} \lambda_i = 1)\right\}.$$

Wir geben dazu zwei einfache Beispiele, die in der Schule mindestens als Anwendung der Analytischen Geometrie bzw. Vektorrechnung vorkommen sollten. Eine *Strecke AB* im euklidischen Raum $\mathbb{R}^n$ ist die konvexe Hülle ihrer Endpunkte A, B. Wenn diese durch ihre Ortsvektoren $\mathbf{a}$, $\mathbf{b}$ gegeben sind, so kann die Punktmenge AB beschrieben werden durch

$$AB = \{\mathbf{x} \in \mathbb{R}^n : \ \mathbf{x} = \lambda_1 \mathbf{a} + \lambda_2 \mathbf{b} \ \ (0 \leq \lambda_1, \lambda_2; \ \lambda_1 + \lambda_2 = 1)\}$$

oder die äquivalente Darstellung $AB = \{\mathbf{x} : \ \mathbf{x} = \mathbf{a} + \lambda(\mathbf{b} - \mathbf{a}) \ \ (0 \leq \lambda \leq 1)\}$, die an die Beschreibung eines *Strahls AB^+* mit dem Anfangspunkt A erinnert:

$$AB^+ = \{\mathbf{x} : \ \mathbf{x} = \mathbf{a} + \lambda(\mathbf{b} - \mathbf{a}) \ \ (\lambda \geq 0)\}.$$

Analog lässt sich ein *Dreieck* $\mathcal{D} = \triangle ABC$ im $\mathbb{R}^n$ $(n \geq 2)$ als konvexe Hülle seiner drei nicht kollinearen Eckpunkte A, B, C mit den Ortsvektoren $\mathbf{a}, \mathbf{b}, \mathbf{c}$ beschreiben durch

$$\mathcal{D} = \{\mathbf{x} \in \mathbb{R}^n : \ \mathbf{x} = \lambda_1 \mathbf{a} + \lambda_2 \mathbf{b} + \lambda_3 \mathbf{c} \ \ (0 \leq \lambda_i; \ \lambda_1 + \lambda_2 + \lambda_3 = 1)\}.$$

4. Liegen die f $(d - 1)$-dimensionalen Seitenflächen F_i eines d-Polytops P in den Hyperebenen $H_i = \{\mathbf{x} \in \mathbb{R}^d : \mathbf{x}\mathbf{v}_i = \alpha_i\}$ $(i = 1, \dots, f)$, so kann P auch als Durchschnitt der von den H_i erzeugten Halbräumen H_i^- beschrieben werden, die P enthalten:

$$P = \bigcap_{i=1}^{f} H_i^- = \{\mathbf{x} \in \mathbb{R}^d : \mathbf{x}\mathbf{v}_i \leq \alpha_i \ \ (i = 1, \dots, f)\}.$$

Nun können wir die eingangs erwähnten speziellen Polyeder definieren. Zunächst das einfachste (*simplex* = einfach [lat.]).

Definition 1.4.2. *Ist* $\{\mathbf{p}_0, \mathbf{p}_1, \dots, \mathbf{p}_d\}$ *eine Menge von* $d+1$ *Punkten des euklidischen Raumes* $\mathbb{R}^n$ $(n \geq d)$, *die nicht in einem* $(d - 1)$-*dimensionalen affinen Unterraum liegen (die Punkte sind „in allgemeiner Lage"), so heißt ihre konvexe Hülle* $\mathcal{S}^d$ *d-dimensionales Simplex oder kurz d-Simplex:*

$$\mathcal{S}^d = \text{conv}\{\mathbf{p}_0, \mathbf{p}_1, \dots, \mathbf{p}_d\}.$$

$\mathcal{S}^d$ *heißt* **regulär,** *wenn eine reelle Zahl* $r > 0$ *existiert, so dass für die Länge aller Kanten von* $\mathcal{S}^d$ *gilt* $|\mathbf{p}_i - \mathbf{p}_k| = r$ $(0 \leq i < k \leq d)$. *Ein reguläres d-Simplex werde durch* $\mathcal{S}_r^d$ *bezeichnet.*

Ein d-Simplex ist also ein d-Polytop mit der kleinstmöglichen Anzahl $d + 1$ von Eckpunkten. Die einfachsten Beispiele sind die Punkte als nulldimensionale Simplexe, Strecken als eindimensionale, Dreiecke als zweidimensionale und dreiseitige Pyramiden (Tetraeder) als dreidimensionale Simplexe.

Zur Definition des zweiten speziellen Polyeders verwenden wir im weiteren die Menge $E^n := \{0, 1\}^n$ aller Punkte des $\mathbb{R}^n$, deren Koordinaten ausschließlich 0 oder 1 sind, also 0–1–Folgen der Länge n. Die entsprechenden Ortsvektoren heißen deshalb auch *Binärvektoren*, und wir führen neben den schon bekannten Koordinateneinheitsvektoren $\mathbf{e}_i$ die Bezeichnung $\mathbf{e}_{i_1,\ldots,i_k}$ für Binärvektoren ein, deren Koordinaten an den Stellen i_l gleich 1 und sonst 0 sind, also im $\mathbb{R}^4$ zum Beispiel

$$\mathbf{e}_0 = (0, 0, 0, 0), \quad \mathbf{e}_1 = (1, 0, 0, 0), \quad \mathbf{e}_{23} = (0, 1, 1, 0), \quad \mathbf{e}_{1234} = (1, 1, 1, 1).$$

Auf den schulmäßigen Nachweis für die Anzahl $|E^n| = 2^n$ aller Binärvektoren der festen Länge n können wir hier verzichten.

Definition 1.4.3. *Die Menge $W_1^n := \mathrm{conv}(E^n)$ heißt **Koordinateneinheitswürfel** im $\mathbb{R}^n$. Das Bild $W^n = \alpha(W_1^n)$ von W_1^n bei einer Ähnlichkeitsabbildung α heißt (n-dimensionaler) **Würfel**.*

Wir nennen ein Polytop P eckentreu eingebettet in das Polytop Q, wenn alle Ecken von P auch Ecken von Q sind

$$P \prec Q \quad :\Longleftrightarrow \quad \mathrm{vert}(P) \subseteq \mathrm{vert}(Q).$$

Unsere Eingangsfrage lautet also: Für welche Dimensionen n existiert ein reguläres n-Simplex S_r^n mit $S_r^n \prec W^n$?

Ein möglicher Versuch, diese Frage zu beantworten, besteht in der Einführung einer speziellen Geometrie auf der Menge E^n der Binärvektoren. Zunächst etwas Algebra, wozu wir an den in 1.2 eingeführten Körper $(\mathbb{K}_3, +, \cdot)$ mit 3 Elementen erinnern. Jetzt betrachten wir den einfachsten bzw. kleinsten Körper, der überhaupt nur aus dem Null- und Einselement besteht, die ja beide notwendig sind, also $\mathbb{K}_2 = \{0, 1\}$ mit den Strukturtafeln

$\oplus$	0	1
0	0	1
1	1	0

$\cdot$	0	1
0	0	0
1	0	1

Damit erfüllt $(\mathbb{K}_2, \oplus, \cdot) = (E, \oplus, \cdot)$ offenbar die drei in 1.2 erwähnten Körperaxiome. Diese Rechenregeln lassen sich nun auf die Binärvektoren übertragen in Analogie zum Rechnen mit den Vektoren im n-dimensionalen euklidischen Raum $\mathbb{R}^n$:

$$(x_1, \ldots, x_n) \oplus (y_1, \ldots, y_n) := (x_1 \oplus y_1, \ldots, x_n \oplus y_n) \quad \text{und}$$
$$\lambda \cdot (x_1, \ldots, x_n) := (\lambda x_1, \ldots, \lambda x_n)$$

für x_i, y_i, $\lambda \in E = \{0, 1\}$. Für Leser, denen das Rechnen in endlichen Körpern neu ist, geben wir folgende Beispiele in E^3:

Mit $\mathbf{x} = (0, 1, 1)$ und $\mathbf{y} = (1, 0, 1)$ wird

$$\mathbf{x} \oplus \mathbf{y} = (0 \oplus 1, 1 \oplus 0, 1 \oplus 1) = (1, 1, 0) \text{ und } 1 \cdot \mathbf{x} = (1 \cdot 0, 1 \cdot 1, 1 \cdot 1) = (0, 1, 1).$$

Der Leser, der bei einem guten Mathematiklehrer in der Oberstufe die Axiome für (reelle) Vektorräume kennengelernt hat, sollte leicht nachrechnen können, dass $(E^n, \oplus, \cdot)$ ein *n-dimensionaler Vektorraum* über dem Körper $\mathbb{K}_2 = E$ ist.

Natürlich könnten wir nun in Analogie zur Vektorrechnung im $\mathbb{R}^n$ auch in diesem Raum E^n ein Skalarprodukt einführen durch

$$\mathbf{x} \cdot \mathbf{y} := \bigoplus_{i=1}^{n} x_i y_i := x_1 \cdot y_1 \oplus \ldots \oplus x_n \cdot y_n$$

für Binärvektoren $\mathbf{x} = (x_1, \ldots, x_n)$, $\mathbf{y} = (y_1, \ldots, y_n) \in E^n$. Dieses würde dann aber für jede Dimension nur die Werte 0 oder 1 annehmen, und jeder Vektor mit gerader Anzahl von 1-Koordinaten wäre zu sich selbst „orthogonal":

$$(0, 1, 1) \cdot (0, 1, 1) = 0 \cdot 0 \oplus 1 \cdot 1 \oplus 1 \cdot 1 = 0 \oplus 1 \oplus 1 = 0.$$

Vor allem aber wäre dieses Skalarprodukt ungeeignet für eine sinnvolle Einführung eines Abstandsbegriffs in $(E^n, \oplus)$, denn die Analogie zum $\mathbb{R}^n$ mit $\rho(\mathbf{x}, \mathbf{y}) = \sqrt{\sum(x_i - y_i)^2}$ würde schon das erste Axiom aus unserer Definition einer Metrik verletzen, da in E^n jeder Vektor zu sich selbst invers bezüglich der Addition $\oplus$ ist, z.B. $(1, 1, 0, 1) \oplus (1, 1, 0, 1) = (0, 0, 0, 0)$, und es wäre z.B. für $\mathbf{x} = (1, 1, 0, 1)$ und $\mathbf{y} = (0, 0, 0, 1)$

$$\rho(\mathbf{x}, \mathbf{y}) = \sqrt{\bigoplus(x_i - y_i)^2} = \sqrt{\bigoplus(x_i \oplus y_i)^2} = \sqrt{1^2 \oplus 1^2 \oplus 0^2 \oplus 0^2} = \sqrt{0} = 0,$$

obwohl $\mathbf{x} \neq \mathbf{y}$ gilt. Deshalb führen wir eine andere Metrik in E^n ein, nämlich die schon früher erwähnte Betragssummenmetrik.

Definition 1.4.4. *Für* $\mathbf{x} = (x_1, \ldots, x_n)$, $\mathbf{y} = (y_1, \ldots, y_n) \in E^n$ *heißt die reelle Zahl*

$$h(\mathbf{x}, \mathbf{y}) := \sum_{i=1}^{n} |x_i - y_i|$$

Hammingabstand *der Punkte* $\mathbf{x}$, $\mathbf{y}$ *und das Paar* (E^n, h) *n-dimensionaler* ***Hammingraum***.

Die Bezeichnung ehrt den amerikanischen Mathematiker *Richard Hamming* der in einer Arbeit aus dem Jahr 1950 mit dieser Metrik die Codierungstheorie voranbrachte. Unter Berücksichtigung der Tatsache, dass im Vektorraum $(E^n, \oplus)$ jeder Vektor zu sich selbst invers ist $(-\mathbf{x} = \mathbf{x})$, können wir auch

$$h(\mathbf{x}, \mathbf{y}) = \sum_{i=1}^{n} (x_i \oplus y_i)$$

schreiben. Für die obigen Punkte $\mathbf{x} = (1, 1, 0, 1)$ und $\mathbf{y} = (0, 0, 0, 1)$ wird z. B.

$$h(\mathbf{x}, \mathbf{y}) = (1 \oplus 0) + (1 \oplus 0) + (0 \oplus 0) + (1 \oplus 1) = 1 + 1 + 0 + 0 = 2$$

(man beachte die unterschiedlichen Additionszeichen!). Der Hammingabstand von zwei Punkten $\mathbf{x}$, $\mathbf{y}$ gibt also die Anzahl der 1-Koordinaten im Vektor $\mathbf{x} \oplus \mathbf{y}$ an bzw. die Anzahl der Stellen, an denen sich die Koordinaten von $\mathbf{x}$ und $\mathbf{y}$ unterscheiden und ist deshalb immer eine natürliche Zahl. Der Nachweis, dass der Hammingraum (E^n, h) ein (endlicher) metrischer Raum ist, kann dem Leser als Übung überlassen werden. Lediglich der Beweis der Dreiecksungleichung ist nicht ganz trivial und benutzt die hoffentlich aus dem Schulunterricht bekannte (?) Ungleichung $|\alpha| + |\beta| \geq |\alpha + \beta|$ für reelle Zahlen α, β. Natürlich kann man nun die Geometrie des endlichen Vektorraumes $(E^n, \oplus, \mathbb{K}_2)$ studieren: Charakterisierung der linearen Abbildungen, der k-dimensionalen linearen und affinen Unterräume – wie sehen die entsprechenden Punktmengen als Eckpunktmengen von W_1^n aus usw. Das sind alles reizvolle Themen für Schülerprojekte! Wir wollen aber hier die Geometrie des Hammingraumes (E^n, h) etwas vertiefen im Sinne von Felix Klein und die abstandstreuen Transformationen des Raumes untersuchen.

Definition 1.4.5.

a) *Eine **Isometrie** α des Raumes (E^n, h) ist eine Transformation von E^n, welche den Abstand von je zwei Punkten invariant lässt:*

$$\alpha \in Isom(E^n) \quad :\Leftrightarrow \quad \alpha : E^n \longrightarrow E^n \wedge \forall \mathbf{x}, \mathbf{y} \in E^n \Big(h(\mathbf{x}, \mathbf{y}) = h(\alpha(\mathbf{x}), \alpha(\mathbf{y})) \Big).$$

b) *Die Abbildung $\tau : E^n \longrightarrow E^n$, die jedem $\mathbf{x} \in E^n$ das Bild $\tau(\mathbf{x}) = \mathbf{x} \oplus \mathbf{t}$ für ein festes $\mathbf{t} \in E^n$ zuordnet, heiße **Translation**:*

$$\tau \in T(E^n) \quad :\Leftrightarrow \quad \exists \mathbf{t} \in E^n \, \forall \mathbf{x} \in E^n \Big(\tau(\mathbf{x}) = \mathbf{x} \oplus \mathbf{t} \Big).$$

c) *Die Abbildung $\sigma : E^n \longrightarrow E^n$, die jedem $\mathbf{x} = (x_1, \ldots, x_n)$ ein $\mathbf{y} \in E^n$ zuordnet mit umgeordneten Koordinaten heiße **Koordinatenvertauschung**:*

$$\sigma \in \mathrm{P}(E^n) \quad :\Leftrightarrow \quad \exists \pi \in \mathbf{S}_n \forall \mathbf{x} = (x_1, \ldots, x_n) \Big(\sigma(x_1, \ldots, x_n) = (x_{\pi(1)}, \ldots, x_{\pi(n)}) \Big).$$

Dabei bezeichnet $\mathbf{S}_n$ die Menge aller Permutationen der Menge $\{1, 2, \ldots, n\}$. Wir stellen einige Eigenschaften dieser Abbildungen zusammen in folgendem

Hilfssatz 1.4.1.

a) *Die Menge* $\text{Isom}(E^n)$ *aller Isometrien des Hammingraumes* (E^n, h) *bildet (wie übrigens in* jedem *metrischen Raum) bezüglich der Hintereinanderausführung* $\circ$ *von Abbildungen eine Gruppe* $(\text{Isom}(E^n), \circ)$, *also eine Untergruppe der vollen Transformationsgruppe von* $E^n : \text{Isom}(E^n) < \mathbf{S}_{E^n}$.

b) *Die Menge* $\text{T}(E^n)$ *aller Translationen bildet eine Untergruppe der Isometriegruppe:* $\text{T}(E^n) < \text{Isom}(E^n)$, *und es gilt* $|\text{T}(E^n)| = 2^n$.

c) *Auch die Menge* $\text{P}(E^n)$ *aller Koordinatenvertauschungen bildet eine Untergruppe der Isometriegruppe:* $\text{P}(E^n) < \text{Isom}(E^n)$, *und es gilt* $|\text{P}(E^n)| = n!$.

d) *Jede Isometrie lässt sich als Hintereinanderausführung einer Koordinatenvertauschung und einer Translation darstellen.*

Beweis. Zu **a)** Wenn $\alpha, \beta \in \text{Isom}(E^n)$ Isometrien des Raumes (E^n, h) sind, also den Abstand von je zwei Punkten aus E^n fest lassen, dann erhält auch die Hintereinanderausführung, das „Produkt" $\beta\alpha$, den Abstand, also gilt $\beta\alpha \in \text{Isom}(E^n)$. Ferner ist die identische Abbildung ι natürlich abstandstreu. Schließlich ist die inverse Transformation α^{-1} von $\alpha \in \text{Isom}(E^n)$ wieder eine Isometrie wegen der Eineindeutigkeit von α.

Zu **b)** Wenn $\tau_1(\mathbf{x}) = \mathbf{x} \oplus \mathbf{t}_1$ und $\tau_2(\mathbf{x}) = \mathbf{x} \oplus \mathbf{t}_2$ für $\tau_1, \tau_2 \in \text{T}(E^n)$ ist, so gilt für die Hintereinanderausführung von τ_1 und τ_2

$$\tau_2 \circ \tau_1(\mathbf{x}) = \tau_2(\tau_1(\mathbf{x})) = \tau_2(\mathbf{x} \oplus \mathbf{t}_1) = (\mathbf{x} \oplus \mathbf{t}_1) \oplus \mathbf{t}_2 = \mathbf{x} \oplus (\mathbf{t}_1 \oplus \mathbf{t}_2),$$

und man erkennt, dass die Strukturen $(\text{T}(E^n), \circ)$ und $(E^n, \oplus)$ strukturgleich sind – es handelt sich um *isomorphe* Gruppen. Folglich gilt auch die Anzahlgleichheit $|\text{T}(E^n)| = |E^n| = 2^n$. Die Abstandstreue der Translationen ist leicht zu sehen, so dass $\text{T}(E^n) < \text{Isom}(E^n)$ bewiesen ist.

Zu **c)** Der Beweis von c) führt analog auf die Isomorphie der Struktur $(\text{P}(E^n), \circ)$ und der vollen Permutationsgruppe $(\mathbf{S}_n, \circ)$ von n Elementen. Unter Berücksichtigung des einfachen Sachverhaltes, dass die Koordinatenvertauschungen Isometrien (abstandstreu) sind, gilt also auch

$$\text{P}(E^n) < \text{Isom}(E^n) \text{ mit } |\text{P}(E^n)| = |\mathbf{S}_n| = n!.$$

Zu **d)** Sei $\alpha \in \text{Isom}(E^n)$ eine beliebige Isometrie, die das $(n + 1)$-Tupel $[\mathbf{e}_0, \mathbf{e}_1, \ldots, \mathbf{e}_n]$ der speziellen Punkte $\mathbf{e}_i = (0, \ldots, 0, \underbrace{1}_{i}, 0, \ldots, 0)$ aus E^n abbildet auf das $(n + 1)$-Tupel $[\mathbf{x}_0, \ldots, \mathbf{x}_n]$. Dann wählen wir die Translation $\tau \in \text{T}(E^n)$ mit $\tau(\mathbf{x}) = \mathbf{x} \oplus \mathbf{x}_0$, so dass für die Isometrie $\beta := \tau \circ \alpha$ gilt

$$\beta[\mathbf{e}_0, \ldots, \mathbf{e}_n] = \tau[\mathbf{x}_0, \mathbf{x}_1, \ldots, \mathbf{x}_n] = [\mathbf{x}_0 \oplus \mathbf{x}_0, \mathbf{x}_1 \oplus \mathbf{x}_0, \ldots, \mathbf{x}_n \oplus \mathbf{x}_0]$$
$$= [\mathbf{e}_0, \mathbf{x}_1 \oplus \mathbf{x}_0, \ldots, \mathbf{x}_n \oplus \mathbf{x}_0] \text{ mit } h(\mathbf{e}_0, \mathbf{e}_i) = h(\mathbf{e}_0, \mathbf{x}_i \oplus \mathbf{x}_0) = 1.$$

Das bedeutet, dass der Vektor $\mathbf{x}_i \oplus \mathbf{x}_0$ nur eine einzige Koordinate mit Wert 1 hat, also $\mathbf{x}_i \oplus \mathbf{x}_0 = \mathbf{e}_k$ gelten muss für $i > 0$ und ein gewisses k $(1 \leq k \leq n)$. Die definierte Abbildung β vertauscht also die Koordinaten, d. h. $\beta \in P(E^n)$, und es gilt $\alpha = \tau^{-1} \circ \beta = \tau \circ \beta$, denn die Translationen in E^n sind *involutorische* Abbildungen, d. h. es gilt $\tau^{-1} = \tau$ wegen $\mathbf{x} \oplus \mathbf{x} = \mathbf{e}_0$. $\qquad\square$

Für Kenner der Gruppentheorie sei erwähnt, dass die Gruppe $\mathrm{Isom}(E^n)$ *halbdirektes Produkt* von $\mathrm{T}(E^n)$ und $\mathrm{P}(E^n)$ ist. Mit der Aussage d) unseres Satzes ergibt sich sofort die schöne

Folgerung. Im Hammingraum (E^n, h) existieren genau $|\mathrm{Isom}(E^n)| = n! 2^n$ Isometrien.

Es ist eine schöne Aufgabe für Schüler, die Isometrien des Hammingraumes E^3 mit den Decktransformationen des Würfels W_1^3 zu vergleichen, davon gibt es nämlich auch genau $|\mathbf{S}_{W_1^3}| = 2^3 \cdot 3!$. Die Gruppen $(\mathrm{Isom}(E^3), \circ)$ und $(\mathbf{S}_{W_1^3}, \circ)$ haben sogar die gleiche Struktur – sie sind *isomorph:* Es existiert eine eineindeutige Abbildung $\Phi : \mathrm{Isom}(E^3) \longrightarrow \mathbf{S}_{W_1^3}$ mit $\Phi(\alpha \circ \beta) = \Phi(\alpha) \circ \Phi(\beta)$ für $\alpha, \beta \in \mathrm{Isom}(E^3)$. Eine entsprechende Aussage für Dimensionen $n > 3$ ist etwas anspruchsvoller.

Wir kommen nun zurück zu unserer Eingangsfrage und bemerken, dass man in jedem metrischen Raum zum regulären Simplex analoge Objekte einführen kann. Wir tun das für unseren Hammingraum mit folgender

Definition 1.4.6. *Eine Teilmenge* $S_r^k = \{\mathbf{p}_0, \mathbf{p}_1, \ldots, \mathbf{p}_k\}$ *von* E^n *heiße* **reguläres k-Simplex,** *wenn eine natürlich Zahl* $r > 0$ *existiert mit* $h(\mathbf{p}_i, \mathbf{p}_j) = r$ *für alle* i, j *mit* $0 \le i < j \le k$.

Damit können wir unsere Eingangsfrage auf den Hammingraum übertragen: Für welche Dimensionen $n > 1$ existiert im Hammingraum (E^n, h) ein reguläres n-Simplex S_r^n? Eine erste notwendige Bedingung dafür formulieren wir in folgendem

Hilfssatz 1.4.2. *Existiert im Hammingraum* (E^n, h) *ein reguläres n-Simplex S_r^n, so muss r eine gerade Zahl sein* $(r = 2m, m \in \mathbb{N})$.

Beweis. Sei $S_r^n = \{\mathbf{p}_0, \ldots, \mathbf{p}_n\} \subseteq E^n$ ein reguläres n-Simplex mit der „Hammingkantenlänge" $r = h(\mathbf{p}_i, \mathbf{p}_k)$ für $i \ne k$. Dann können wir ohne Beschränkung der Allgemeinheit $\mathbf{p}_0 = \mathbf{e}_0 = (0, 0, \ldots, 0)$ annehmen. Anderenfalls wenden wir auf S_r^n die abstandstreue Translation τ mit dem Vektor $\mathbf{p}_0$ an, so dass $\tau(S_r^n) = S_r^n \oplus \mathbf{p}_0 = \{\mathbf{e}_0, \mathbf{p}_1 \oplus \mathbf{p}_0, \ldots, \mathbf{p}_n \oplus \mathbf{p}_0\}$ wird. Ferner können wir annehmen, dass die ersten r Koordinaten von $\mathbf{p}_1$ Einsen sind und die restlichen $n - r$ nur Nullen, was durch abstandstreue Koordinatenvertauschungen erreichbar ist, wobei der Nullvektor $\mathbf{p}_0 = \mathbf{e}_0$ in der Menge S_r^n unverändert bleibt. Für eine beliebige weitere „Ecke" $\mathbf{p}_i$ $(i > 1)$ von S_r^n seien unter den ersten r Koordinaten t Einsen und $r - t$ Nullen und unter den restlichen $n - r$ Koordinaten m Einsen und $n - r - m$ Nullen.

$$\mathbf{p}_0 = (0, 0, 0, 0, 0, \ldots \qquad \ldots, 0, 0, 0)$$

$$\mathbf{p}_1 = (\underbrace{1, 1, \ldots, 1, 1, 1, 1}_{r}, 0, 0, \ldots, 0, 0, 0)$$

$$\mathbf{p}_i = (\underbrace{1, \ldots, 1}_{t}, \underbrace{0, \ldots, 0, 0}_{r-t}, \underbrace{1, \ldots, 1}_{m}, 0, \ldots, 0)$$

Dann folgt $h(\mathbf{p}_0, \mathbf{p}_1) = r = h(\mathbf{p}_0, \mathbf{p}_i) = t + m = h(\mathbf{p}_1, \mathbf{p}_i) = r - t + m$ und somit $t = m$ bzw. $r = 2m$. $\qquad\qquad\square$

Diese notwendige Bedingung für die eckentreue Einbettung eines regulären n-Simplexes in einen n-dimensionalen Würfel kann wesentlich verschärft werden mit folgendem

Satz 1.4.1. (Notwendige Bedingung) *Wenn im Hammingraum (E^n, h) ein reguläres n-Simplex existiert bzw. ein reguläres n-Simplex eckentreu in einen n-Würfel einbettbar ist, dann muss $n + 1$ durch 4 teilbar sein:*

$$S_r^n \prec W^n \quad \Longrightarrow \quad 4 \mid (n + 1).$$

Beweis. Sei $S_r^n = \{\mathbf{p}_0, \ldots, \mathbf{p}_n\}$ ein reguläres n-Simplex in (E^n, h) mit der Kantenlänge $h(\mathbf{p}_i, \mathbf{p}_j) = r$ $(i \neq j)$. Wir verlassen jetzt kurz den Hammingraum und betrachten das entsprechende reguläre n-Simplex $\bar{S}_r^n = \text{conv}\{\mathbf{p}_0, \ldots, \mathbf{p}_n\} \prec W_1^n \subseteq \mathbb{R}^n$. Für dieses ist der Mittelpunkt $\mathbf{m} = \frac{1}{2}\mathbf{e}$ mit $\mathbf{e} = (1, \ldots, 1)$ des Würfels zugleich der Mittelpunkt von $\bar{S}_r^n$, d. h. die Eckpunkte $\mathbf{p}_i$ liegen auf dem Rand der Kugel $K_a^n(\frac{1}{2}\mathbf{e})$ mit dem Radius $a = \frac{1}{2}\sqrt{n}$, denn es gilt

$$|\mathbf{m} - \mathbf{p}_0| = |\mathbf{m} - \mathbf{e}_0| = |\mathbf{m}| = \sqrt{\sum_1^n \left(\frac{1}{2}\right)^2} = \frac{1}{2}\sqrt{n} \text{ und für } i > 0$$

$$|\mathbf{m} - \mathbf{p}_i| = \sqrt{\sum_1^r \left(\frac{1}{2} - 1\right)^2 + \sum_{r+1}^n \left(\frac{1}{2} - 0\right)^2} = \frac{1}{2}\sqrt{n}.$$

Andererseits ist der Mittelpunkt des Simplexes $\bar{S}_r^n$ sein Schwerpunkt

$$\mathbf{s} = \frac{1}{n + 1} \sum_0^n \mathbf{p}_i = \frac{1}{n + 1} \sum_1^n \mathbf{p}_i,$$

wenn wir wieder $\mathbf{p}_0 = (0, \ldots, 0)$ voraussetzen. Dann gilt mit $\mathbf{p}_i = (p_{i1}, \ldots, p_{in})$
$\mathbf{s} = \frac{1}{n+1} \left(\sum_{i=1}^{n} p_{i1}, \ldots, \sum_{i=1}^{n} p_{in} \right)$, wobei die Summen $\sum_{i=1}^{n} p_{ik}$ jeweils die Anzahl der
1-Koordinaten an der k-ten Stelle aller $\mathbf{p}_i$ aufsummieren, was wegen $\mathbf{s} = \mathbf{m}$ jeweils
die gleiche Anzahl r' ergeben muss, so dass $\mathbf{s} = \frac{1}{n+1}(r', \ldots, r')$ bzw. $\mathbf{s} = \frac{r'}{n+1}\mathbf{e}$
gelten muss. Es gibt demnach insgesamt genau $nr' = nr$ 1-Koordinaten in allen $\mathbf{p}_i$
wegen $h(\mathbf{p}_i, \mathbf{e}_0) = r$ für $1 \leq i \leq n$. Daraus folgt $r' = r$ und $\mathbf{s} = \frac{r}{n+1}\mathbf{e} = \mathbf{m} = \frac{1}{2}\mathbf{e}$
und somit $\frac{r}{n+1} = \frac{1}{2}$ bzw. $2r = n+1$ und mit $r = 2m$ nach Hilfssatz 1.4.2 schließlich
$4m = n + 1$, also $4 \mid (n + 1)$. □

Ob diese notwendige Bedingung auch hinreichend ist, bleibt eine noch offene Frage.
Immerhin kann eine hinreichende Bedingung für die eckentreue Einbettbarkeit eines
regulären n-Simplexes in einen n-dimensionalen Würfel angegeben werden. Das
formulieren wir äquivalent für unseren Hammingraum mit folgendem

Satz 1.4.2. (Hinreichende Bedingung) *Für alle natürlichen Zahlen $n \in \mathbb{N}^*$ gilt:
Wenn $n + 1$ eine Zweierpotenz ist ($\exists k \in \mathbb{N}(n + 1 = 2^k)$), dann existiert im
Hammingraum (E^n, h) ein reguläres Simplex $S_r^n = \{\mathbf{p}_1, \ldots, \mathbf{p}_{n+1}\} \subseteq E^n$ mit
$r = h(\mathbf{p}_i, \mathbf{p}_j) = 2^{k-1}$ für $1 \leq i < j \leq n + 1$.*

Beweis. Wir beweisen die Aussage durch vollständige Induktion nach k. Für $k = 1$
und $k = 2$ ist die Behauptung trivialerweise richtig. Nehmen wir an, sie gilt für
$k \geq 2$, also für die Dimension $n = 2^k - 1$. Sei $S_r^n = \{\mathbf{p}_1, \ldots, \mathbf{p}_{n+1}\} \subseteq E^n$ ein
nach dieser Induktionsannahme existierendes n-dimensionales reguläres Simplex mit
$\mathbf{p}_i = (p_{i1}, \ldots, p_{i(n+1)})$, für das wir wieder ohne Beschränkung der Allgemeinheit
$\mathbf{p}_1 = \mathbf{e}_0 = (0, 0, \ldots, 0)$ annehmen dürfen. Dann definieren wir für $k + 1$ bzw. die
Dimension $n' := 2^{k+1} - 1 = 2n + 1$ ein reguläres Simplex $S^{n'} = \{\mathbf{q}_1, \ldots, \mathbf{q}_{n'+1}\}$
durch

$$\mathbf{q}_i := (p_{i1}, p_{i2}, \ldots, p_{in}, p_{i1}, p_{i2}, \ldots, p_{in}, 0) \text{ für } i = 1, \ldots, n+1,$$
$$\mathbf{q}_{n+2} := (\underbrace{0, 0, \ldots, 0, 0}_{n}, \underbrace{1, 1, \ldots, 1, 1}_{n+1}) \text{ und}$$
$$\mathbf{q}_{n+1+i} := \mathbf{q}_{n+2} \oplus \mathbf{q}_i \text{ für } i = 2, \ldots, n+1.$$

Das so definierte Simplex $S^{n'}$ ist offensichtlich ein reguläres Simplex mit $h(\mathbf{q}_i, \mathbf{q}_j) = 2 \cdot 2^{k-1} = 2^{(k+1)-1} = r'$ für alle $i \neq j$. □

Die Konstruktion von $S^{n'}$ aus S^n soll zum besseren Verständnis veranschaulicht werden für den Fall $n = 3 = 2^2 - 1$ $\longrightarrow$ $n' = 7 = 2^3 - 1$:

$$\mathbf{p}_1 = (0, 0, 0) \quad \longrightarrow \quad \mathbf{q}_1 = (0, 0, 0, |0, 0, 0, |0)$$
$$\mathbf{p}_2 = (1, 1, 0) \quad \longrightarrow \quad \mathbf{q}_2 = (1, 1, 0, |1, 1, 0, |0)$$
$$\mathbf{p}_3 = (1, 0, 1) \quad \longrightarrow \quad \mathbf{q}_3 = (1, 0, 1, |1, 0, 1, |0)$$
$$\mathbf{p}_4 = (0, 1, 1) \quad \longrightarrow \quad \mathbf{q}_4 = (0, 1, 1, |0, 1, 1, |0)$$
$$\mathbf{q}_5 = (0, 0, 0, |1, 1, 1, |1)$$
$$\mathbf{q}_6 = (1, 1, 0, |0, 0, 1, |1)$$
$$\mathbf{q}_7 = (1, 0, 1, |0, 1, 0, |1)$$
$$\mathbf{q}_8 = (0, 1, 1, |1, 0, 0, |1)$$

Die Aussage dieses Satzes ist leider auch nicht umkehrbar, d. h. es existieren auch für Dimensionen n, für die $n + 1$ *keine* Zweierpotenz ist, reguläre Simplexe S_r^n im Hammingraum (E^n, h). Die kleinste Zahl, für welche dieser Fall eintritt, ist $n = 11$. Es ist dann $n + 1 = 12$ keine Zweierpotenz, aber z. B. sind die folgenden Punkte Ecken eines regulären Simplexes und zugleich Eckpunkte des 11-dimensionalen Einheitswürfels:

$$\mathbf{p}_1 = (0, 0, 0, 0, 0, 0, 0, 0, 0, 0, 0)$$
$$\mathbf{p}_2 = (1, 1, 1, 1, 1, 1, 0, 0, 0, 0, 0)$$
$$\mathbf{p}_3 = (1, 1, 1, 0, 0, 0, 1, 1, 1, 0, 0)$$
$$\mathbf{p}_4 = (1, 1, 0, 1, 0, 0, 1, 0, 0, 1, 1)$$
$$\mathbf{p}_5 = (1, 0, 1, 0, 1, 0, 0, 1, 0, 1, 1)$$
$$\mathbf{p}_6 = (1, 0, 0, 1, 0, 1, 0, 1, 1, 1, 0)$$
$$\mathbf{p}_7 = (1, 0, 0, 0, 1, 1, 1, 0, 1, 0, 1)$$
$$\mathbf{p}_8 = (0, 1, 1, 0, 0, 1, 0, 0, 1, 1, 1)$$
$$\mathbf{p}_9 = (0, 1, 0, 1, 1, 0, 0, 1, 1, 0, 1)$$
$$\mathbf{p}_{10} = (0, 1, 0, 0, 1, 1, 1, 1, 0, 1, 0)$$
$$\mathbf{p}_{11} = (0, 0, 1, 1, 1, 1, 0, 1, 0, 1, 1, 0)$$
$$\mathbf{p}_{12} = (0, 0, 1, 1, 0, 1, 1, 1, 0, 0, 1)$$

Bemerkenswert ist ferner die Tatsache, dass unsere hinreichende Bedingung $n + 1 = 2^k$ äquivalent zu folgender stärkeren Aussage ist: Im Hammingraum (E^n, h) existiert ein reguläres n-Simplex S_r^n, dessen Punkte bezüglich der Addition $\oplus$ eine Untergruppe von E^n bildet: $(S_r^n, \oplus) < (E^n, \oplus)$ (vgl. Wenzel 2006). Unsere oben angegebenen Simplexe für $n = 3$ und $n = 7$ sind Beispiele für solche Untergruppen. Der Leser überprüfe das.

Schließlich ist die Bedingung $n + 1 = 2^k$ für die Dimension des Hammingraumes (E^n, h) äquivalent dazu, dass der Raum E^n disjunkt mit Einheitskugeln ausgepflastert werden kann. Neben den vielen Anwendungsbezügen unseres

Simplexeinbettungs-Problems (z. B. in der Graphentheorie, der Theorie der Blockpläne, für Hadamard-Matrizen, Boolesche Funktionen und damit der Schaltalgebra)
soll die Anwendung dieser Aussage in der Codierungstheorie wenigstens kurz angedeutet werden:

Eine Einheitskugel $K_1^n(\mathbf{x}) = \{\mathbf{y} \in E^n : h(\mathbf{x}, \mathbf{y}) \leq 1\}$ mit dem Mittelpunkt $\mathbf{x}$
im Hammingraum (E^n, h) enthält offenbar genau $|K_1^n(\mathbf{x})| = n + 1$ Punkte wegen
$K_1^n(\mathbf{x}) = \{\mathbf{y} \in E^n : \mathbf{y} = \mathbf{x} \oplus \mathbf{e}_i \ (i = 0, \ldots, n)\}$. Für $n = 2^k - 1$ gibt es also nach
unserer Bedingung $\frac{|E^n|}{n+1} = \frac{2^n}{n+1} = 2^{n-k} =: m$ paarweise disjunkte (elementfremde)
Einheitskugeln $K_1^n(\mathbf{x}_i)$, die E^n ausfüllen

$$(*) \ E^n = \bigcup_{i=1}^m K_1^n(\mathbf{x}_i) \quad \text{mit} \quad K_1^n(\mathbf{x}_i) \cap K_1^n(\mathbf{x}_j) = \emptyset \text{ für } 1 \leq i < j \leq m.$$

Wir geben für $n = 7$ $(7 + 1 = 2^3)$ drei solche Einheitskugeln in vereinfachter Form
an:

$$\begin{array}{lll}
\mathbf{x}_1 : 0000000 & \mathbf{x}_2 : 1110000 & \mathbf{x}_3 : 1001100 \\
\phantom{\mathbf{x}_1 :} 1000000 & \phantom{\mathbf{x}_2 :} 1111000 & \phantom{\mathbf{x}_3 :} 0001100 \\
\phantom{\mathbf{x}_1 :} 0100000 & \phantom{\mathbf{x}_2 :} 1110100 & \phantom{\mathbf{x}_3 :} 1101100 \\
\phantom{\mathbf{x}_1 :} 0010000 & \phantom{\mathbf{x}_2 :} 1110010 & \phantom{\mathbf{x}_3 :} 1011100 \\
\phantom{\mathbf{x}_1 :} 0001000 & \phantom{\mathbf{x}_2 :} 1110001 & \phantom{\mathbf{x}_3 :} 1000100 \\
\phantom{\mathbf{x}_1 :} 0000100 & \phantom{\mathbf{x}_2 :} 1100000 & \phantom{\mathbf{x}_3 :} 1001000 \\
\phantom{\mathbf{x}_1 :} 0000010 & \phantom{\mathbf{x}_2 :} 1010000 & \phantom{\mathbf{x}_3 :} 1001110 \\
\phantom{\mathbf{x}_1 :} 0000001 & \phantom{\mathbf{x}_2 :} 0110000 & \phantom{\mathbf{x}_3 :} 1001101 \ ,
\end{array}$$

und der Leser kann versuchen, die restlichen 13 Einheitskugeln $K_1^7(\mathbf{x}_i)$ $(i =
4, 5, \ldots, 16)$ zu finden, so dass die Pflasterung $(*)$ entsteht. Die Menge C der Mit-
telpunkte $\mathbf{x}_i$ stellt dann einen *1-fehlerkorrigierenden Code* dar. Das bedeutet, wenn
bei der Übertragung eines Codewortes $\mathbf{x}_i$, das für eine Nachricht steht, höchstens
ein Fehler auftritt, so kann der Empfänger das originale Codewort decodieren – er
findet den entsprechenden Mittelpunkt $\mathbf{x}_i$ der Kugel, in der das fehlerbehaftete Wort
$\overline{\mathbf{x}}_i$ liegt, z. B.

$$\mathbf{x}_2 \sim 1\underline{1}10000 \xrightarrow[\text{Übertragungskanal}]{} \overline{\mathbf{x}}_2 \sim 1\underline{0}10000$$

Dann liegt das empfangene „Wort" $\overline{\mathbf{x}}_2$ in der Kugel mit dem Mittelpunkt $\mathbf{x}_2$, und
dieser ist demnach das Originalcodewort.

Unsere Bedingung $n + 1 = 2^k$ für die Dimension des Hammingraumes E^n
ist also auch äquivalent zur Existenz eines 1-fehlerkorrigierenden Codes. Natürlich
interessieren in der Codierungstheorie Codes, die möglichst viele Übertragungsfehler
korrigieren können. Für genauere Einzelheiten sei auf die schon erwähnten Bücher
(Beutelspacher 1994; Beutelspacher und Rosenbaum 1992) verwiesen.

Für unsere Ausgangsfrage nach der eckentreuen Einbettbarkeit eines n-
dimensionalen regulären Simplexes in den n-dimensionalen Würfel haben wir eine
notwendige und eine hinreichende Bedingung bewiesen. Es wird allgemein vermutet,

dass unsere notwendige Bedingung $4 \mid (n+1)$ für die Dimension n auch hinreichend ist, aber es bleibt das folgende

Problem 3. *Existiert für alle natürlichen Zahlen n, für die 4 ein Teiler von n + 1 ist, stets ein reguläres n-Simplex, das eckentreu in einen n-Würfel eingebettet werden kann?*

Literatur

Beutelspacher, A.: Einführung in die endliche Geometrie I. Bibliographisches Institut, Mannheim (1982)

Beutelspacher, A.: Lineare Algebra. Vieweg, Braunschweig (1994)

Beutelspacher, A., Rosenbaum, U.: Projektive Geometrie. Vieweg, Braunschweig (1992)

Dembowski, P.: Finite geometries. Springer, Berlin (1968)

Diestel, R.: Graphentheorie, 3. Aufl. Springer, Berlin (2006)

Euklid: Die Elemente von Euklid. Ostwald's Klassiker der exakten Wissenschaften. I. u. II. Teil, Akademische Verlagsgesellschaft, Leipzig 1933, III. Teil, Leipzig 1935, IV. Teil, Leipzig 1936, V. Teil, Leipzig (1937)

Fejes Tóth, L.: Lagerungen in der Ebene, auf der Kugel und im Raum. Springer, Berlin (1953)

Hertel, E.: Convexity in finite metric spaces. Geom. Dedicata **52,** 215–220 (1994)

Hilbert, D.: Grundlagen der Geometrie. Teubner, Leipzig (1899)

Klein, F.: Vergleichende Betrachtungen über neuere geometrische Forschungen. Math. Ann. **43,** 63–100 (1893)

Kurzweil, H.: Endliche Körper – Verstehen, Rechnen, Anwenden. Springer, Berlin (2007)

Lam, C.W.H., Thiel, L., Swiercz, S.: The non-existence of finite projective planes of order 10. Can. J. Math. **41**(6), 1117–1123 (1989)

Soltan, V.P.: Einführung in die axiomatische Theorie der Konvexität. Shtiinca, Kishinev (1984). (Russisch)

Wenzel, W.: Regular simplices inscribed into the cube and exhibiting a group structure. J. Comb. Math. Comb. Comput. **59,** 213–220 (2006)

Konstruktion regulärer Polygone – Symmetrie

2

2.1   Konstruktion mit Zirkel und Lineal

Im vorigen Kapitel stand der „erste" Aspekt einer diskreten Geometrie (R, M, G) im Zentrum, nämlich der diskrete und insbesondere endliche Raum R. In diesem Kapitel ist die Diskretheit der Transformationsgruppe G wesentlich für unsere Betrachtungen. Die Gruppe $\mathbf{B_2}$ der Bewegungen in der euklidischen Ebene ist erst seit dem 19. Jahrhundert grundlegend für die Elementargeometrie der Ebene. Was in den Axiomen von Euklids „Elementen" etwas verschwommen heißt „ *Was einander deckt, ist einander gleich* " (Euklid 1933, Teil I, S. 3) würde heute so formuliert: Zwei Punktmengen A, B sind *kongruent* („gleich"), wenn es eine Bewegung gibt, die A auf B abbildet. Die wesentliche Methode in der Elementargeometrie Euklids besteht in den Konstruktionen mit Zirkel und Lineal. Die Basis dafür findet sich in den ersten drei Postulaten in den „Elementen", von denen wir früher schon das wichtige fünfte zitiert hatten. Wir fassen diese hier zusammen: Durch zwei verschiedene Punkte kann immer eine Gerade konstruiert werden (Lineal!), und zu jedem Punkt M und jeder Strecke AB kann stets ein Kreis konstruiert werden mit dem Mittelpunkt M und dem Radius $r = l(AB) = |AB|$ (Zirkel!).

Eine wesentliche Frage, welche die Geometer über zwei Jahrtausende bewegt hat, ist die nach den durch Konstruktion mit Zirkel und Lineal lösbaren Aufgaben. Heute wird diese Frage in jedem besseren Algebrabuch als Anwendung der Theorie der Körpererweiterungen beantwortet. Wir wollen hier nur einen vereinfachten Einblick in die Problematik geben. Eine ausführliche Darstellung der „Theorie der geometrischen Konstruktionen" findet sich z. B. in dem Buch mit diesem Titel von Peter Schreiber (1975).

Die *Grundobjekte* für das Konstruieren mit Zirkel und Lineal in der „euklidischen Zeichenebene" sind Punkte A, B, $\ldots \in \mathbf{P}$, Geraden $g(A, B) \in \mathbf{G}$ und *Kreislinien* $K_r(M) := \mathrm{bd}\, K_r^2(M)$ mit Mittelpunkt M und Radius r, die wir im folgenden kurz

E. Hertel, *Altes und Neues aus der Geometrie*,
https://doi.org/10.1007/978-3-662-64611-3_2

als *Kreis* bezeichnen. Diese Grundobjekte lassen sich „algebraisieren" durch Koordinaten in $\mathbb{R}^2$:

Punkt $P_1 \in \mathbf{P} \to (x_1, y_1) \in \mathbb{R}^2$,
Gerade $g(P_1, P_2) \to \{(x, y) \in \mathbb{R}^2 : x(y_1 - y_2) + y(x_2 - x_1) + x_1 y_2 - x_2 y_1 = 0\}$,
Kreis $K_r(M) \to \{(x, y) \in \mathbb{R}^2 : (x - x_m)^2 + (y - y_m)^2 = r^2\}$ für $M = (x_m, y_m), r \in \mathbb{R}$.

Eine *Konstruktionsaufgabe* besteht aus einer gegebenen endlichen Menge solcher Grundobjekte und einer gesuchten endlichen Menge von Grundobjekten, die gewisse Bedingungen erfüllen. Unter der *Lösung* der Konstruktionsaufgabe versteht man eine endliche Folge von *Grundkonstruktionen*, die mit Zirkel und Lineal ausführbar sind, durch welche die gesuchten Objekte gefunden werden. Die wesentlichen Grundkonstruktionen sind:

(I) Bestimmung des Schnittpunktes zweier Geraden,
(II) Bestimmung der Schnittpunkte einer Geraden mit einem Kreis und
(III) Bestimmung der Schnittpunkte zweier Kreise.

Algebraisch bedeutet das die Lösung linearer Gleichungssysteme bzw. von quadratischen Gleichungen:

Zu (I). Sind zwei Geraden g_1, g_2 gegeben durch die Gleichungen $a_1 x + b_1 y = c_1$ und $a_2 x + b_2 y = c_2$, so bedeutet die Bestimmung ihres Schnittpunktes (x_0, y_0) die Lösung des Gleichungssystems

$$a_1 x + b_1 y = c_1,$$
$$a_2 x + b_2 y = c_2.$$

Zu (II). Schnittpunkte von Gerade $g : ax + by = c$ und Kreis $K_r(M) : (x - m_1)^2 + (y - m_2)^2 = r^2$ für $M = (m_1, m_2)$ ergeben sich z. B. für $b \neq 0$ durch Lösen der quadratischen Gleichung $(x - m_1)^2 + (\frac{c}{b} - \frac{a}{b}x - m_2)^2 = r^2$ in x und Einsetzen dieser Lösung in $ax + by = c$ zur Bestimmung von y.

Zu (III). Die Bestimmung der Schnittpunkte zweier Kreise mit den Gleichungen

$$(x - a_1)^2 + (y - a_2)^2 = r_1^2$$
$$(x - b_1)^2 + (y - b_2)^2 = r_2^2$$

führt nach Subtraktion auf die lineare Gleichung

$$(*)\ 2(a_1 - b_1)x + 2(a_2 - b_2)y = c_2 - c_1,$$

welche die Gerade beschreibt, auf der die gesuchten Schnittpunkte liegen, falls diese existieren, was durch Einsetzen von x bzw. y aus $(*)$ in die quadratischen Kreisgleichungen geprüft werden kann.

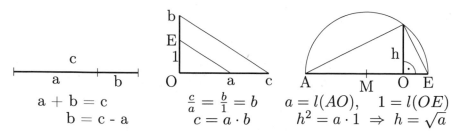

Abb. 2.1 Streckenrechnung

Als „unwesentlich" haben wir hier die Grundkonstruktionen Wahl eines beliebigen Punktes, Konstruktion einer Geraden durch zwei gegebene Punkte und Konstruktion eines Kreises um einen Punkt M durch einen Punkt $P \neq M$ vernachlässigt. Den wesentlichen Grundkonstruktionen entsprechen algebraisch die rationalen Rechenoperationen (Addition, Subtraktion, Multiplikation, Division) und die Quadratwurzeloperation. Diese Operationen – und nur diese – lassen sich geometrisch mit Zirkel und Lineal realisieren im Sinne der in der Abb. 2.1 beschriebenen *Streckenrechnung*. Dabei gehen wir immer davon aus, dass am Anfang eine *Eichstrecke* OE der Länge 1 gegeben ist, auf die sich die Längen aller Strecken beziehen. Dann ist die Addition $c = a + b$ zweier Strecken der Längen a, b klar bzw. auch die Subtraktion $c - a$. Die Multiplikation bzw. Division beruht auf den Strahlensätzen und die Quadratwurzeloperation $\sqrt{a}$ auf dem Höhensatz im rechtwinkligen Dreieck, das nach dem Satz des Thales über der Strecke AE konstruiert werden kann mit $l(AE) = l(AO) + l(OE) = a + 1$ und dem Mittelpunkt M der Strecke AE als Mittelpunkt des Thaleskreises.

Wir fassen die aufgeführten Beziehungen zwischen den geometrischen Konstruktionen mit Zirkel und Lineal und deren Algebraisierung ohne Beweis zusammen in folgendem

Lemma 2.1.1. *Aus einer Menge* **M** *geometrischer Grundobjekte, welche die Eichstrecke OE der Länge 1 enthält, kann genau dann ein geometrisches Grundobjekt X mit Zirkel und Lineal konstruiert werden, wenn aus der der Menge* **M** *entsprechenden Zahlenmenge durch endlich viele rationale Rechenoperationen und Quadratwurzeloperationen die X beschreibenden Zahlen berechnet werden können.*

Unter Einbeziehung von Koordinaten in der euklidischen Zeichenebene lautet der diesem Lemma entsprechende und dort bewiesene Satz in dem erwähnten Buch von P. Schreiber:

„Mit Zirkel und Lineal sind aus gegebenen Punkten, Kreisen und Geraden höchstens solche Punkte, Kreise und Geraden konstruierbar, deren Koordinaten bezüglich eines beliebigen kartesischen Koordinatensystems sich durch Quadratwurzelausdrücke in den Koordinaten der gegebenen Stücke ausdrücken lassen." (Schreiber 1975, S. 201).

2.2   Reguläre Polygone

Nach den grundlegenden Definitionen, Postulaten und Axiomen formuliert Euklid
in seinen „Elementen" als den *ersten* Lehrsatz den über die Konstruierbarkeit des
regulären Dreiecks mit Zirkel und Lineal – wie in den Papyri des alten Ägypten
in Form einer Aufgabe: *„Über einer gegebenen Strecke ein gleichseitiges Dreieck
zu errichten."* (Euklid 1933, Teil I, S. 3). Damit beginnt nicht nur dieses über zwei
Jahrtausende wichtigste Buch über Mathematik sondern auch die zweitausendjährige
Geschichte des Problems der mit Zirkel und Lineal konstruierbaren regulären n-Ecke.
Und diese Geschichte ist noch nicht beendet!

Was ist ein reguläres oder regelmäßiges n-Eck? Der Begriff des konvexen Polygons $\mathcal{P}$ ordnet sich ein in unsere frühere Definition des konvexen Polyeders für
die Dimension 2: Ein konvexes Polygon $\mathcal{P}$ ist die konvexe Hülle einer endlichen
Punktmenge in allgemeiner Lage der euklidischen Ebene $\mathbb{R}^2$. $\mathcal{P}$ ist dann eine „Fläche". Für die hier in Rede stehenden Konstruktionsfragen interessiert aber nur der
Rand bd$\mathcal{P}$ von $\mathcal{P}$. Wenn $\mathcal{P} = \operatorname{conv}(\operatorname{vert}(\mathcal{P}))$ die konvexe Hülle seiner n Eckpunkte
$\operatorname{vert}(\mathcal{P}) = \{A_1, \dots, A_n\}$ mit $n \geq 3$ ist, dann ist dieser Rand von $\mathcal{P}$ ein geschlossener
Streckenzug aus den n aufeinander folgenden Kanten $A_i A_{i+1}$, die jetzt die *Seiten*
von $\mathcal{P}$ heißen. Unter einem n-*Eck* verstehen wir im folgenden diesen Rand von $\mathcal{P}$
aus n Eckpunkten A_i und n Seiten $A_i A_{i+1} (i = 1, \dots, n; A_{n+1} = A_1)$, und wir
schreiben für das Polygon (griechisch: Vieleck) dann $\mathcal{P}_n = A_1 A_2 \dots A_n$. Zwei von
einer Ecke A_i von $\mathcal{P}_n$ ausgehende Seiten bilden einen *Innenwinkel* $\sphericalangle A_{i-1} A_i A_{i+1}$
mit dem Scheitel A_i. Die schulmäßige Definition der Regularität eines n-Ecks lautet
dann: Ein n-Eck heißt *regulär* oder *regelmäßig*, wenn seine Seiten gleich lang und
alle Innenwinkel gleich groß sind.

Wir wollen hier aber eine „modernere" Definition angeben, die sich auch leichter
auf höhere Dimensionen für Polyeder verallgemeinern lässt. Dazu betrachten wir
die Menge $\mathbf{S}_{\mathcal{P}_n}$ aller ebenen Bewegungen $\beta \in \mathbf{B_2}$, die das n-Eck auf sich abbilden
$\beta(\mathcal{P}_n) = \mathcal{P}_n$. Ferner betrachten wir die geordneten Paare (A, s) von Eckpunkten A
und zugehörigen Seiten $s = AB$ von $\mathcal{P}_n$, die wir *Fahnen* nennen. Die Menge dieser
$2n$ Fahnen sei $\mathsf{F}(\mathcal{P}_n)$.

Definition 2.2.1. *Ein n-Eck $\mathcal{P}_n$ bzw. das Polygon $\mathcal{P} = conv(\mathcal{P}_n)$ heißt regulär bzw.
regelmäßig, wenn die Gruppe $\mathbf{S}_{\mathcal{P}_n}$ der Deckbewegungen von $\mathcal{P}_n$ transitiv auf der
Menge $\mathsf{F}(\mathcal{P}_n)$ aller Fahnen von $\mathcal{P}_n$ wirkt, d. h. zu je zwei Fahnen (A, s) und (A', s')
von $\mathcal{P}_n$ gibt es eine Deckbewegung $\beta \in \mathbf{S}_{\mathcal{P}_n}$ mit $\beta((A, s)) = (A', s')$.*

Bevor wir weitere Eigenschaften regulärer n-Ecke herleiten sei an einige Grundaussa-
gen über ebene Bewegungen erinnert. Für eine ausführlichere Darstellung verweisen
wir z. B. auf das Buch (Böhm 1988).

(I) Eine *ebene Bewegung* ist eine abstandstreue Transformation (Isometrie) der
   euklidischen Ebene $\mathbb{R}^2$:

$$\beta \in \mathbf{B}_2 \quad :\Longleftrightarrow \quad \beta \in \mathbf{S}_{\mathbb{R}^2} \quad \wedge \quad \forall A, B \in \mathbb{R}^2 \Big(l(AB) = l\big(\beta(A), \beta(B)\big) \Big).$$

(II) Jede ebene Bewegung ist eindeutig bestimmt durch drei nicht kollineare Punkte und deren Bilder.

(III) Jede ebene Bewegung ist entweder die identische Abbildung ι, eine fixpunkt-freie *Translation* τ, die durch einen Punkt P und dessen Bild $P' = \tau(P)$, den *Verschiebungsvektor* $\overrightarrow{PP'}$, eindeutig bestimmt ist, eine *Drehung* $\delta_\alpha(Z)$, die durch einen *Fixpunkt* Z, das Drehzentrum, und eine Winkelgröße α eindeutig bestimmt ist, eine (Geraden-)*Spiegelung* σ_g an einer *Fixpunktgeraden* g, oder eine Schub- bzw. *Gleitspiegelung*, dem Produkt $\tau \cdot \sigma_g$ einer Translation und einer Spiegelung an einer Geraden parallel zur Translationsrichtung.

Sei nun $\mathcal{P}_n = A_1 A_2 \ldots A_n$ ein reguläres n-Eck, dann können die Deckbewegungen $\beta \in \mathbf{S}_{\mathcal{P}_n}$ von $\mathcal{P}_n$ offenbar keinen Translationsanteil haben, d.h. β ist nach (III) entweder eine Drehung oder eine Spiegelung. Betrachten wir den *Schwerpunkt* S der Eckpunktmenge $\{A_1, \ldots, A_n\}$ des n-Ecks $\mathcal{P}_n$. Analytisch bedeutet das mit den Ortsvektoren $\mathbf{a}_i$ der Punkte A_i, dass für den Ortsvektor $\mathbf{s}$ von S gilt $\mathbf{s} = \frac{1}{n} \sum_1^n \mathbf{a}_i$. Dann muss jede Deckbewegung β von $\mathcal{P}_n$ (der Punktmenge $\{A_1, \ldots, A_n\}$) diesen Schwerpunkt auf sich abbilden – S ist Fixpunkt von β. Das bedeutet alle Ecken von $\mathcal{P}_n$ haben von S denselben Abstand $l(SA_i) = r$ $(i = 1, \ldots, n)$ wegen $\beta(S) = S$ und $\beta(A_i) = A_k$. Die Ecken von $\mathcal{P}_n$ liegen also auf einem Kreis mit dem Mittelpunkt S und dem Radius r. Ferner folgt aus der Transitivität der Gruppe $\mathbf{S}_{\mathcal{P}_n}$ auf der Menge der Seiten, dass diese alle die gleiche Länge haben und damit die Dreiecke $\triangle A_i S A_{i+1}$ paarweise kongruent sind und sowohl die Innenwinkel $\sphericalangle A_{i-1} A_i A_{i+1}$ gleich groß sind wie auch die *Zentriwinkel* $\sphericalangle A_i S A_{i+1}$, und es gilt $|\sphericalangle A_i S A_{i+1}| = \frac{360°}{n}$ und somit für die Innenwinkelgröße $|\sphericalangle A_{i-1} A_i A_{i+1}| = \frac{n-2}{n} \cdot 180°$. Den Nachweis, dass umgekehrt ein n-Eck mit gleichlangen Seiten und gleichgroßen Innenwinkeln regulär im Sinne unserer obigen Definition ist, überlassen wir dem Leser.

Wir können nun die Deckbewegungen eines regulären n-Ecks $\mathcal{P}_n$ genau bestim-men. Zunächst enthält die Gruppe $\mathbf{S}_{\mathcal{P}_n}$ die n Drehungen δ_k mit dem Drehzentrum S und den Drehwinkeln α_k der Größen $k \cdot \frac{360°}{n}$ $(k = 0, 1, \ldots, n-1)$. Die Menge dieser orientierungserhaltenden „eigentlichen" Bewegungen bildet eine Untergruppe der Gruppe $\mathbf{S}_{\mathcal{P}_n}$ aller Deckbewegungen von $\mathcal{P}_n$. Diese *Drehgruppe* $\langle \delta \rangle$ wird *erzeugt* von der Drehung $\delta = \delta_1 = \delta_{\alpha_1}(S)$, d.h. sie besteht aus den Elementen $\delta, \delta^2, \ldots, \delta^n = \iota$. Es handelt sich um eine *zyklische* Gruppe wegen $\delta^{n+1} = \delta$. In der Algebra werden die zyklischen Gruppen der Ordnung n mit C_n (auch $\mathbb{Z}_n$) bezeichnet. Ferner gibt es in $\mathbf{S}_{\mathcal{P}_n}$ die Spiegelungen σ_g an den Mittelsenkrechten $g = g(SM_i)$ zu den Seiten $A_i A_{i+1}$ und die Spiegelungen σ_h an den Geraden $h = g(SA_i)$ durch S und die Ecken A_i (vgl. Abb. 2.2).

Für ungerades n fallen diese Geraden zusammen. Für gerades n gehen die Gera-den g durch zwei „gegenüberliegende" Seitenmitten und die Geraden h durch zwei gegenüberliegende Ecken, so dass es in jedem Fall genau n Spiegelungen in $\mathbf{S}_{\mathcal{P}_n}$ gibt. Das sind sogenannte „uneigentliche" Bewegungen, da sie die Orientierung (den

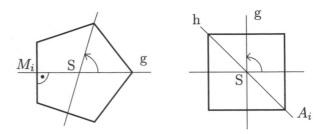

Abb. 2.2 Deckbewegungen regulärer Polygone

Umlaufsinn) ändern. Insgesamt besteht die Gruppe $\mathbf{S}_{\mathcal{P}_n}$ also aus genau $2n$ Bewegungen. In der Algebra heißen die dazu isomorphen endlichen Gruppen D_n der Ordnung $2n$ *Diedergruppen*.

Wir fassen unsere Betrachtungen zusammen in folgendem

Satz 2.2.1. *a) Ein n-Eck ist genau dann regulär, wenn seine Seiten gleich lang und seine Innenwinkel α_i gleich groß sind mit $|\alpha_i| = \frac{n-2}{n} \cdot 180°$ $(i = 1, \ldots, n)$.*

b) Die Gruppe $\mathbf{S}_{\mathcal{P}_n}$ der Deckbewegungen eines regulären n-Ecks $\mathcal{P}_n$ hat die Ordnung $|\mathbf{S}_{\mathcal{P}_n}| = 2n$, sie besteht aus n Drehungen, die eine kommutative Untergruppe von $\mathbf{S}_{\mathcal{P}_n}$ bilden und aus n Geradenspiegelungen.

*c) Die Eckpunkte eines regulären n-Ecks $\mathcal{P}_n$ liegen auf einem Kreis, dem **Umkreis** von $\mathcal{P}_n$.*

*d) Die Mittelpunkte der Seiten eines regulären n-Ecks $\mathcal{P}_n$ liegen auf einem Kreis, dem **Inkreis** von $\mathcal{P}_n$.*

e) Zu jeder natürlichen Zahl $n \geq 3$ existiert bis auf Ähnlichkeitsabbildung genau ein reguläres n-Eck.

Beweis. Der Nachweis der Aussage d) dieses Satzes ist eine leichte Übung. Die Aussage e) ergibt sich wie folgt: Ist $n \geq 3$ eine natürliche Zahl, so bilden die Punkte A_k mit den Koordinaten

$$\left(\cos \frac{2k\pi}{n}, \sin \frac{2k\pi}{n} \right) \quad (k = 1, \ldots, n)$$

die Ecken eines regulären n-Ecks in der euklidischen Koordinatenebene $\mathbb{R}^2$ mit dem Einheitskreis als Umkreis und der Zentriwinkelgröße $|\alpha| = \frac{2\pi}{n}$ (s. Abb. 2.3). Dieses kann natürlich durch zentrische Streckung hinsichtlich seiner Größe und durch Bewegung hinsichtlich seiner Lage in $\mathbb{R}^2$ beliebig geändert werden. $\quad\square$

Es gibt also für jede natürliche Zahl $n \geq 3$ ein reguläres n-Eck. Aber für welche n lassen sich diese auch mit Zirkel und Lineal konstruieren? Für $n = 3$ beginnt Euklid mit der Lösung der oben zitierten ersten Aufgabe die Konstruktion eines *gleichseitigen* Dreiecks über einer gegebenen Strecke $A_1 A_2$ durch den Schnittpunkt A_3 zweier Kreise mit den Mittelpunkten A_1 und A_2 und dem Radius $r = |A_1 A_2|$. Dass bei dieser Konstruktion auch die Innenwinkel des Dreiecks $\triangle A_1 A_2 A_3$ gleich groß sind,

Abb. 2.3 Existenz regulärer *n*-Ecke

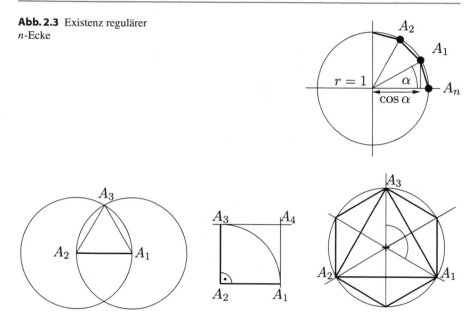

Abb. 2.4 Konstruktion des regulären 3-, 4- und 6-Ecks

ergibt sich bei Euklid erst später mit dem Satz über die Gleichheit der Basiswinkel im gleichschenkligen Dreieck. Am Ende des 1. Buches der „Elemente" wird auch die Konstruktion des *Quadrates,* des regulären Vierecks, angegeben durch Errichten der Senkrechten zu einer gegebenen Strecke A_1A_2 in A_2. Das Abtragen der Strecke A_2A_1 auf dieser Senkrechten liefert den Punkt A_3, durch welchen die Parallele zur Geraden $g(A_1A_2)$ konstruiert wird, die sich mit der Parallelen zu $g(A_2A_3)$ durch den Punkt A_1 im vierten Punkt A_4 schneidet. Statt der bei Euklid angegebenen Konstruktion des regulären Sechsecks geben wir die allgemeine Methode an, aus einem regulären *n*-Eck ein reguläres 2*n*-Eck zu konstruieren durch die Halbierung der Zentriwinkel des *n*-Ecks. So gewinnen wir hier das reguläre 6-Eck aus dem regulären 3-Eck (s. Abb. 2.4).

Die Konstruktion des regulären Fünfecks ist deutlich komplizierter, weshalb es in der Geschichte wohl auch mystifiziert wurde z. B. in seiner nichtkonvexen Sternform als Drudenfuß. Seine Konstruierbarkeit geht auf die Pythagoräer zurück und hängt mit der sogenannten *stetigen Teilung* oder dem *Goldenen Schnitt* einer Strecke zusammen, einem Phänomen, das in Natur und Kunst eine große Rolle spielt. Eine Strecke AB wird durch einen Punkt $C \in AB$ stetig oder nach dem Goldenen Schnitt geteilt, wenn sich die Länge $|AB|$ der Strecke zur Länge $|AC|$ der größeren Teilstrecke genau so verhält wie diese zur Länge $|CB|$ der kleineren Teilstrecke: $|AB| : |AC| = |AC| : |CB|$. Der Wert dieses besonderen „goldenen" Verhältnisses lässt sich leicht berechnen, wenn wir ohne Beschränkung der Allgemeinheit etwa die Länge der Strecke AB durch $|AB| = 1$ normieren. Dann muss mit $|AC| = x$ gelten $1 : x = x : (1 - x)$ oder

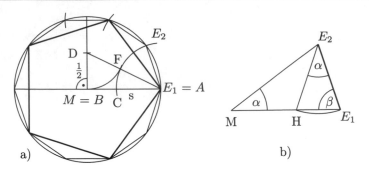

Abb. 2.5 Konstruktion des regulären 10- und 5-Ecks

$$x^2 + x - 1 = 0$$

Die einzig zulässige positive Lösung dieser quadratischen Gleichung ist $x = \frac{1}{2}(\sqrt{5} - 1)$, so dass für das gesuchte Verhältnis $\frac{1}{x} = \frac{1}{2}(1 + \sqrt{5})$ gilt. Diese „goldene" Zahl wird heute gern mit dem Symbol Φ bezeichnet. Die Konstruktion des Teilpunktes C mit Zirkel und Lineal erfolgt durch Errichten der Senkrechten zur Strecke AB z. B. im Punkt B – in Abb. 2.5a) entspricht dem Punkt A der Punkt E_1 und dem Punkt B der Punkt M. Auf dieser Senkrechten wird von B aus die halbe Länge der Strecke AB abgetragen bis zum Punkt D. Der Kreis mit Mittelpunkt D und dem Radius $|DB|$ schneide die Strecke DA im Punkt F. Dann schneidet der Kreis mit dem Mittelpunkt A und dem Radius $|AF|$ die Strecke AB im gesuchten Teilpunkt C. Der Leser kann das über den Satz des Pythagoras leicht nachrechnen.

Es zeigt sich nun, dass die Seitenlänge s des regulären Zehnecks, das dem Einheitskreis einbeschrieben ist, sich direkt aus der goldenen Zahl Φ ergibt: $s = \frac{1}{\Phi} = \Phi - 1$. Deshalb geben wir hier die Konstruktion des regulären Zehnecks $\mathcal{P}_{10}$ an, woraus sich das reguläre Fünfeck leicht ergibt. Wir beginnen dazu mit einer Analyse des Problems indem wir annehmen, das konstruierte reguläre 10-Eck läge vor im Einheitskreis mit dem Mittelpunkt M und zwei benachbarten Ecken E_1 und E_2 (vgl. Abb. 2.5b). Dann wählen wir auf ME_1 einen Punkt H mit $|E_2H| = |E_2E_1| = s$ durch einen Kreis um E_2 mit dem Radius s. Wir wissen natürlich, dass die Größe des Zentriwinkels α von $\mathcal{P}_{10}$ gleich $\frac{360°}{10} = 36°$ beträgt und der halbe Innenwinkel $\sphericalangle ME_1E_2$ die Größe $\beta = 72°$ hat. Nach unserer Wahl von H ist das Dreieck $\triangle HE_2E_1$ gleichschenklig, so dass $|\sphericalangle E_1HE_2| = \beta$ gilt. Dieser Winkel ist Außenwinkel im Dreieck $\triangle ME_2H$, so dass $|\sphericalangle ME_2H| = \alpha$ gelten muss. Demnach ist das Dreieck $\triangle ME_2H$ wegen der gleichen Basiswinkel ebenfalls gleichschenklig mit $|MH| = |E_2H| = s$. Damit ergibt sich aus der Ähnlichkeit der Dreiecke $\triangle E_1E_2M$ und $\triangle HE_1E_2$ die Proportion

$|ME_1| : |E_1E_2| = |E_1E_2| : |HE_1|$ bzw.
$|ME_1| : |E_1E_2| = |E_1E_2| : (1 - |E_1E_2|)$

oder unsere „goldene" quadratische Gleichung $\frac{1}{s} = \frac{s}{1-s}$ bzw. $s^2 + s - 1 = 0$ mit der Lösung $s = \frac{1}{2}(\sqrt{5} - 1) = \Phi - 1 = 0{,}6180...$.

Um ein reguläres Zehneck mit Zirkel und Lineal zu konstruieren, das einem gegebenen Kreis einbeschrieben ist, muss also eine Radiusstrecke des Kreises nach dem Goldenen Schnitt geteilt werden. Die größere der Teilstrecken hat dann die Seitenlänge des 10-Ecks und kann auf der Kreislinie genau zehnmal abgetragen werden.

Wir stellen einige Konstruktionsprinzipien für reguläre n-Ecke zusammen in folgendem

Hilfssatz 2.2.1. *a) Für alle natürlichen Zahlen $k > 2$ kann das reguläre n-Eck mit $n = 2^k$ mit Zirkel und Lineal konstruiert werden.*

b) Wenn für eine natürliche Zahl n ein reguläres n-Eck mit Zirkel und Lineal konstruierbar ist, so auch ein reguläres $2n$-Eck und ein reguläres $\frac{n}{2}$-Eck (für gerades $n \geq 6$).

c) Sind m und n teilerfremde natürliche Zahlen, für die das reguläre m-Eck und das reguläre n-Eck mit Zirkel und Lineal konstruierbar sind, so ist auch das reguläre $(m \cdot n)$-Eck mit Zirkel und Lineal konstruierbar.

Beweis. a) folgt aus der Konstruierbarkeit des Quadrates ($n = 2^2$) mit Hilfe der oben schon begründeten Aussage b). Die Aussage c) ergibt sich mit folgender Hilfsaussage der elementaren Zahlentheorie: Ist d der größte gemeinsame Teiler der ganzen Zahlen m und n, so existieren ganze Zahlen a und b mit $d = a \cdot m + b \cdot n$. Der Beweis mit Hilfe des Euklidischen Algorithmus findet sich in jedem Buch über elementare Zahlentheorie, z. B. in (Krätzel 1981, S. 15). Sind nun m und n teilerfremd, so existieren ganze Zahlen a, b mit $1 = a \cdot m + b \cdot n$. Die Multiplikation dieser Gleichung mit der Zentriwinkelgröße $\alpha = \frac{360°}{mn}$ des zu konstruierenden regulären (mn)-Ecks ergibt $\frac{360°}{mn} = a \cdot \frac{360°}{n} + b \cdot \frac{360°}{m}$, und man erkennt, dass die „gesuchte" Zentriwinkelgröße α aus den Zentriwinkelgrößen des regulären m-Ecks und n-Ecks durch Vervielfachung und Addition oder Subtraktion gewonnen werden kann.   □

Bereits Euklid hat nach dieser letzten Idee die Konstruktion des regulären 15-Ecks gefunden:

$$1 = 2 \cdot 3 - 1 \cdot 5 \quad \longrightarrow \quad \frac{360}{15} = 2 \cdot \frac{360}{5} - \frac{360}{3} \quad \longrightarrow \quad \alpha_{15} = 24 :$$

Subtrahiert man vom verdoppelten Zentriwinkel des regulären 5-Ecks den Zentriwinkel des regulären Dreiecks, so erhält man den Zentriwinkel des regulären 15-Ecks.

Die kleinen natürlichen Zahlen n, für welche die Konstruktion des regulären n-Ecks mit Zirkel und Lineal seit dem Altertum bekannt waren, sind folglich

$$n = 3, 4, 5, 6, 8, 10, 12, 15, 16, 20, \ldots$$

Von den übrigen natürlichen Zahlen, etwa $n = 7, 9, 11, 13, 14, 17$ nahm man an, dass die Konstruktion des entsprechenden regulären n-Ecks nicht möglich sei – bis zum 29. März 1796 ! An diesem Tag wurde dem knapp neunzehnjährigen Carl Friedrich

Gauß klar, dass auch das reguläre 17-Eck mit Zirkel und Lineal konstruierbar ist. Diese Erkenntnis findet sich als erste Notiz in seinem „Mathematischen Tagebuch". Später beweist er, dass für alle natürlichen Zahlen $n = 2^k \cdot p_1 \cdot p_2 \cdot \ldots \cdot p_r$ die Konstruktion des regulären n-Ecks mit Zirkel und Lineal möglich ist für natürliche Zahlen k und paarweise verschiedene *Fermatsche Primzahlen* p_i ($i = 1, \ldots, r$; $r \in \mathbb{N}$). Der französische Mathematiker Pierre Fermat vermutete im Jahr 1640, dass alle natürlichen Zahlen F_k der Gestalt $F_k := 2^{2^k} + 1$ mit $k \in \mathbb{N}$, die nach ihm benannten *Fermatschen Zahlen*, Primzahlen sind. Wir geben die ersten Fermatschen (Prim-) Zahlen an:

k	2^k	2^{2^k}	$F_k = 2^{2^k} + 1$
0	1	2	3
1	2	4	5
2	4	16	17
3	8	256	257
4	16	65.536	65.537

Es ist eine schöne Übung, alle damit möglichen Zahlen n zu bestimmen, für die ein reguläres n-Eck mit Zirkel und Lineal konstruierbar ist etwa für $n < 100$ ($n \leq 257?$). Durch den französischen Mathematiker Wantzel wurde gezeigt, dass die von Gauß gefundene hinreichende Konstruierbarkeitsbedingung auch notwendig ist. Wir fassen diese Aussagen zusammen in folgendem

Satz 2.2.2. *Ein reguläres n-Eck kann genau dann mit Zirkel und Lineal konstruiert werden, wenn $n = 2^m$ ($m \geq 2$) oder $n = 2^k \cdot p_1 \cdot p_2 \cdot \ldots \cdot p_r$ gilt mit $k \in \mathbb{N}$ und paarweise verschiedenen Fermatschen Primzahlen p_i ($i = 1, \ldots, r$).*

Wir verzichten hier auf einen Beweis, der größerer Anleihen an der Algebra bedarf, und verweisen z. B. auf den Beweis des Satzes 2.4 in dem schönen Buch von Hans-Wolfgang Henn (2003).

„Leider" konnte schon 1732 durch Leonhard Euler bewiesen werden, dass die (sechste) Fermatsche Zahl $F_5 = 2^{2^5} + 1$ *keine* Primzahl ist:

$$F_5 = 4.294.967.297 = 641 \cdot 6.700.417$$

Seit dieser Zeit gibt es einen internationalen Wettbewerb um die Entdeckung weiterer Fermatscher Primzahlen F_m ($m > 5$) – bis $m = 32$ war diese Suche bisher erfolglos. Man vermutet inzwischen, dass es keine weiteren als die oben angegebenen 5 Fermatschen Primzahlen gibt. In unserem Zusammenhang bleibt also das folgende

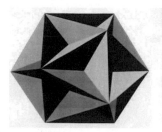  

Abb. 2.6 Symmetrie in Geometrie, Natur und Kunst

Problem 4. *Gibt es ein mit Zirkel und Lineal konstruierbares reguläres p-Eck mit einer Primzahl $p > 65.537$?*

2.3 Symmetrie

Der Begriff der Symmetrie spielt in den Wissenschaften, in der Natur und Kunst eine zentrale Rolle (Abb. 2.6). Die Bedeutung der Symmetrie für die Physik z. B. wird gut verständlich dargestellt in dem Buch „Die Macht der Symmetrie" von Ian Stewart mit der Quintessenz: *„Tief im Herzen der Relativitätstheorie, der Quantenmechanik und der Kosmologie verbirgt sich ein besonderes Konzept: die Symmetrie."* (Stewart 2008, Umschlagtext.)

Wir hatten schon im ersten Kapitel über Symmetrieabbildungen gesprochen, den eineindeutigen Abbildungen (Transformationen) einer Menge auf sich. Unsere regulären Polygone gestatten besondere solche Symmetrieabbildungen, nämlich Bewegungen der euklidischen Ebene, die das Polygon auf sich abbilden. Die regulären Polygone sind in einem besonderen Sinn *„symmetrisch."* Für die Geometrie werden wir den Begriff der Symmetrie also mit Hilfe spezieller Bewegungen definieren. Es zeigt sich dabei, dass Symmetrie mit *diskreten* Bewegungsgruppen zusammenhängt. Für eine Klassifikation dieser Gruppen spielen die Translationen eine wichtige Rolle. Wir beschränken uns hier auf den zweidimensionalen Fall und nennen jetzt jede Untergruppe G der vollen Bewegungsgruppe $\mathbf{B_2}$ der euklidischen Ebene kurz Bewegungsgruppe. Die Menge aller Translationen in einer Bewegungsgruppe G bezeichnen wir mit $T(G)$. Es ist eine leichte Übung zu zeigen, dass die Menge $\mathbf{T_2}$ aller Translationen in $\mathbf{B_2}$ eine Untergruppe von $\mathbf{B_2}$ bildet: $\mathbf{T_2} < \mathbf{B_2}$ (vgl. auch Hilfssatz 1.4.1 b)). Damit wird auch $T(G) = \mathbf{T_2} \cap G$ eine Untergruppe von G. Eine beliebige Translation $\tau \in \mathbf{T_2}$ der euklidischen Ebene (und auch des $\mathbb{R}^n$) lässt sich durch einen „Verschiebungsvektor" $\mathbf{t} = \overrightarrow{AB}$ beschreiben mit $\tau(A) = B$. Bezüglich der Ortsvektoren $\mathbf{x}$ von Punkten $X \in \mathbb{R}^n$ gilt dann $\tau(\mathbf{x}) = \mathbf{x} + \mathbf{t}$ und $\tau^{-1}(\mathbf{x}) = \mathbf{x} - \mathbf{t}$. Damit wird die Menge

$$\langle \tau \rangle = \{\tau^k : k \in \mathbb{Z}\}$$

aller von τ *erzeugten* Translationen τ^k zu einer Gruppe mit derselben Struktur wie die additive Gruppe $(\mathbb{Z}, +)$ der ganzen Zahlen. Die Gruppen $(\langle\tau\rangle, \circ)$ und $(\mathbb{Z}, +)$ sind isomorph. Analog erzeugen zwei Translationen τ_1, τ_2 mit Verschiebungsvektoren $\mathbf{t}_1 = \overrightarrow{AB}$ und $\mathbf{t}_2 = \overrightarrow{AC}$ mit verschiedenen Translationsrichtungen (die Punkt A, B, C sind nicht kollinear) eine Gruppe $\langle\tau_1, \tau_2\rangle$, die zum Standardgitter $\mathbb{Z}^2$ isomorph ist. Für die Klassifikation aller diskreten Bewegungsgruppen der euklidischen Ebene benutzen wir das wichtige

Lemma 2.3.1. *Für jede diskrete Bewegungsgruppe $G < \mathbf{B}_2$ der euklidischen Ebene bildet die Menge der Translationen $T(G) = \mathbf{T}_2 \cap G$ in G eine zur Gruppe $\mathbb{Z}^r$ isomorphe Untergruppe mit $r = 0$, $r = 1$ oder $r = 2$.*

Beweis. Es sei $T = T(G) = \mathbf{T}_2 \cap G$ und $G < \mathbf{B}_2$ eine diskrete Bewegungsgruppe der euklidischen Ebene.

1. Fall: $T = \{\iota\}$, d.h. G enthält keine von der Identität verschiedene Translationen. Dann ist T isomorph zur trivialen Gruppe $\mathbb{Z}^0 := \{0\}$.
2. Fall: Es existieren in G nichttriviale Translationen $\tau \in T \setminus \{\iota\}$. Dann wählen wir eine Translation τ_1 aus T, für welche der Abstand $\rho(\Theta, \tau_1(\Theta)) = \min\{\rho(\Theta, \tau(\Theta) : \tau \in T\}$ vom Koordinatenursprung Θ zu seinem Bild minimal ist. Dieses Minimum existiert wegen der Diskretheit der Gruppe T. Dann sei $T_1 := \langle\tau_1\rangle$ die von τ_1 erzeugte Untergruppe von G, und es gibt zwei Möglichkeiten:

2.1. $T = T_1$, also T ist isomorph zu $\mathbb{Z}^1 = (\mathbb{Z}, +)$, d.h. jeder Translation τ_1^k aus T entspricht genau eine ganze Zahl $k \in \mathbb{Z}$, und dem Produkt zweier Translationen τ und τ' aus T $\tau\tau' = \tau_1^k\tau_1^l = \tau_1^{k+l}$ entspricht die Summe $k + l$ in $(\mathbb{Z}, +)$. Oder
2.2. Es existiert eine Translation $\tau \in T \setminus T_1$, so dass $\tau(\Theta) \notin g(\Theta, \tau_1(\Theta))$ gilt. Denn sonst würde ein $k \in \mathbb{Z}$ existieren, so dass $\tau(\Theta)$ zwischen $\tau_1^k(\Theta)$ und $\tau_1^{k+1}(\Theta)$ liegt und somit $\rho(\tau \circ \tau_1^{-k}(\Theta), \Theta) < \rho(\tau_1(\Theta), \Theta)$ gelten würde im Widerspruch zur Minimalität von $\rho(\tau_1(\Theta), \Theta)$. Die Translationsrichtungen von τ und τ_1 sind also verschieden. Wählen wir jetzt wieder ein $\tau_2 \in T \setminus T_1$ mit $\rho(\Theta, \tau_2(\Theta)) = \min\{\rho(\Theta, \tau(\Theta)) : \tau \in T \setminus T_1\}$, so gilt $T = \langle\tau_1, \tau_2\rangle$. Würde nämlich noch eine Translation $\tau \in T \setminus \langle\tau_1, \tau_2\rangle$ existieren, so könnte man ohne Beschränkung der Allgemeinheit annehmen, dass das Ursprungsbild $\tau(\Theta)$ im Inneren des „Gitterparallelogramms" ΘACB liegt für $\tau_1(\Theta) = A$, $\tau_2(\Theta) = B$ und $\tau_2 \circ \tau_1(\Theta) = C$. Das führt aber zum Widerspruch zur „Minimalität" von τ_1 und τ_2. Jedem Element $\tau = \tau_1^k\tau_2^l$ aus T entspricht jetzt eindeutig ein Zahlenpaar $(k, l) \in \mathbb{Z}^2$, und dem Produkt $\tau \cdot \tau' = (\tau_1^k\tau_2^l) \cdot (\tau_1^{k'}\tau_2^{l'}) = \tau_1^{k+k'} \cdot \tau_2^{l+l'}$ entspricht die Summe $(k, l) + (k', l') = (k + k', l + l')$ im zweidimensionalen Standardgitter $\mathbb{Z}^2 = \mathbb{Z} \times \mathbb{Z}$ – die Gruppen $(T, \circ)$ und $(\mathbb{Z}^2, +)$ sind isomorph. $\qquad\square$

Damit gelingt eine erste Einteilung der diskreten Bewegungsgruppen der euklidischen Ebene in drei Klassen mit der folgenden

Abb. 2.7 Rosetten

Definition 2.3.1. *Eine diskrete Bewegungsgruppe G der euklidischen Ebene heißt*

a) **Rosettengruppe** *oder ebene Punktgruppe für* $T(G) = \{\iota\}$,
b) **Friesgruppe** *oder Bandgruppe für* $T(G) = \langle \tau_0 \rangle$ $(\tau_0 \neq \iota)$ *und*
c) **Ornamentgruppe** *oder Wandmustergruppe für* $T(G) = \langle \tau_1, \tau_2 \rangle$ *mit* Θ, $\tau_1(\Theta)$, $\tau_2(\Theta)$ *nicht kollinear.*

Die Rosettengruppen der Ordnung $n \geq 3$ sollten dem aufmerksamen Leser bekannt vorkommen – die Gruppen der Deckbewegungen regulärer n-Ecke sind offenbar Rosettengruppen. Ihr Name erinnert zu Recht an die Maßwerkfenster gotischer Kathedralen. Die Abb. 2.7 zeigt zwei schöne Beispiele, nämlich links die „Rose" bzw. *Rosette* des Fensters im südlichen Querschiff von Notre Dame in Paris. Diese Rosette ist mit einem Durchmesser von zwölf Metern eine der größten der Welt. Sie besitzt in dem aus Dreipässen bestehenden Außenring eine „24-Symmetrie", d. h. die Gruppe der Deckbewegungen des Außenrings ist die Diedergruppe D_{24} mit 24 Drehungen und 24 Geradenspiegelungen.

Die Symmetriegruppe des Mittelteils dagegen ist D_{12}, und der Vierpass im Zentrum besitzt D_4 als Symmetriegruppe. Man beachte die Untergruppenbeziehungen! Der Leser analysiere die Symmetrien der Rosette im Fenster des nördlichen Querschiffs von Notre Dame auf de rechten Seite der Abb. 2.7 und beachte den Unterschied im Außenring gegenüber dem Südfenster, wodurch statt der zu erwartenden Symmetrie eines 64-Ecks „nur" die eines 32-Ecks entsteht.

Dass unsere Diedergruppen D_n für $n \geq 3$ Rosettengruppen sind, ist offensichtlich. Umgekehrt kann man zeigen, dass jede translationsfreie diskrete Bewegungsgruppe $G < \mathbf{B_2}$ der Ordnung $|G| \geq 3$ stets einen Fixpunkt Z haben muss $(G(Z) = \{Z\})$, woraus gefolgert werden kann, dass G eine Diedergruppe oder eine zyklische Gruppe ist (siehe z. B. Quaisser 1994, Abschn. 4.1). Außerdem ist klar, dass jede *endliche* Bewegungsgruppe $G < \mathbf{B_2}$ eine Rosettengruppe ist. Was ist mit $|G| = n < 3$? Wir schließen den trivialen Fall $n = 1$, also $G = \{\iota\}$ aus. Enthält die translationsfreie

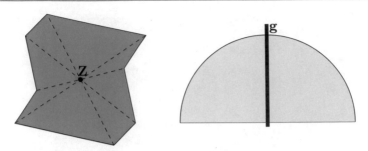

Abb. 2.8 Zentralsymmetrie und Axialsymmetrie

Bewegungsgruppe G genau eine nicht identische Bewegung, so ist das entweder eine Drehung $\delta_\pi(Z)$ mit dem Drehzentrum Z und der Drehwinkelgröße $180°$ oder eine Geradenspiegelung σ_g an einer Fixpunktgeraden g. Im ersten Fall kann $\delta_\pi(Z)$ auch als *Punktspiegelung* σ_Z aufgefasst werden mit

$$\sigma_Z(P) = P' \quad :\Longleftrightarrow \quad \begin{cases} P' = P \text{ für } P = Z \\ Z \text{ liegt zwischen } P \text{ und } P' \text{ mit } |P'Z| = |PZ| \text{ für } P \neq Z. \end{cases}$$

Eine Punktmenge (Figur) $\mathcal{M}$ deren Symmetriegruppe eine solche Punktspiegelung enthält heißt *zentralsymmetrisch*. Wenn die Symmetriegruppe eine Geradenspiegelung enthält, heißt $\mathcal{M}$ *axialsymmetrisch* (Abb. 2.8). Bemerkenswert ist die Tatsache, dass der Halbkreis nur *eine* nicht identische Deckbewegung gestattet, nämlich eine Geradenspiegelung, während die Gruppe der Deckbewegungen des Vollkreises aus unendlich vielen Drehungen und Geradenspiegelungen besteht, und diese Gruppe ist natürlich *nicht* diskret (warum?).

Ein interessantes Beispiel für eine Figur mit der schlichten Symmetriegruppe $G = \{\iota, \sigma_Z\}$ zeigt die Abb. 2.9a). Sie ist in der chinesischen Philosophie als Yin und Yang bereits eintausend Jahre vor Christus bekannt. Sie findet sich aber auch schon um 500 v. Chr. im keltischen Kulturkreis, und sie tritt als *Fischblase* oder *Schneuß* wieder im Maßwerk gotischer Kirchenfenster auf. Abb. 2.9b) zeigt als Beispiel aus der Frühgotik (13. Jahrhundert) einen Zweischneuß am Dom St. Marien zu Wurzen. Abb. c) zeigt einen Fünfschneuß als Erweiterung aus der Spätgotik (um 1510) am Merseburger Dom mit der zyklischen Symmetriegruppe $C_5 = \langle \delta_\alpha(Z) \rangle$ und $|\alpha| = 72°$.

Interessant ist auch das Vorkommen von Symmetrien in der Technik mit „Rosettencharakter". Wir erwähnen hier nur die Tatsache, dass bei über 90% aller PKW die Radmutteranordnung 5-symmetrisch ist. Überhaupt wird in der Technik meist die 5-Symmetrie gegenüber etwa der 4- oder 6-Symmetrie genutzt (warum?). In den Beispielen der Abb. 2.10 ist bemerkenswert, dass die Radkappen eine andere Drehsymmetrie aufweisen als die der Radmutteranordnung.

Schließlich kommen die Rosettengruppen-Symmetrien auch in der Natur vor. In der Botanik werden Pflanzen zum Teil durch die Anzahl der symmetrisch angeordneten Blätter oder Blütenblätter klassifiziert. Abb. 2.11 zeigt einige Beispiele.

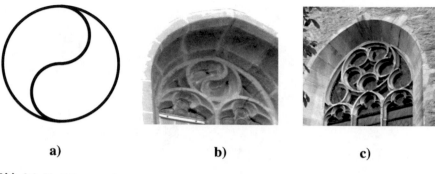

a)   b)   c)

Abb. 2.9 Fischblasenmotive

Abb. 2.10 5-Symmetrien in der Technik

Waldklee (D_3)   Buschwindrose (D_7)   Sonnenhut (D_{13}) (!)

Abb. 2.11 Blumen-Symmetrien

Im Tierreich fällt eine fast durchgängige Spiegelsymmetrie auf, die im zweidimensionalen Bild als Axialsymmetrie erscheint, wozu die Abb. 2.12 drei Beispiele zeigt: Schnake, Schmetterling und Mammutskelett.

Auch die Friesgruppen verdanken ihre Bezeichnung der Ornamentik. Friese oder Bänder gehören zu den ältesten von Menschen genutzten geometrischen Figuren überhaupt. In der Altertumswissenschaft werden die menschlichen Entwicklungsepochen der *Bandkeramiker* der Jungsteinzeit, etwa ab dem 6. Jahrtausend vor Christus, und der dreitausend Jahre späteren *Schnurkeramiker* der Kupferzeit nach den Typen der Friesmuster auf den Keramiken dieser Zeit unterschieden. Die Abb. 2.13

Abb. 2.12 Zweisymmetrien

Abb. 2.13 Steinzeitkeramiken mit Friesmustern

zeigt links eine Linienbandkeramik aus dem Altneolithikum um 5000 v. Chr., gefunden als Grabbeigabe im Weimarer Land, und rechts eine Schnurkeramik aus dem Endneolithikum um 2500 v. Chr., gefunden im Burgenlandkreis.

Die Abbildungen wurden freundlicherweise vom Lehrstuhl für Ur- und Frühgeschichte aus den Sammlungen der Friedrich-Schiller-Universität Jena zur Verfügung gestellt (Fotos von Ivonne Przemuß). Sie finden sich auch in der Arbeit (Ettel et al. 2017).

Die Regularität bzw. Symmetrie dieser Keramikverzierungen lässt sich mit den Friesgruppen klassifizieren. Diese enthalten aber eine erzeugende Translation τ_0 und damit eine unendliche Untergruppe $\langle \tau_0 \rangle = \{\tau_0^k : k \in \mathbb{Z}\}$. Die konkreten Friesmuster stellen also immer nur einen endlichen Ausschnitt eines eigentlich unendlichen Bandes dar. Wir beschreiben die verschiedenen Friesgruppen durch ihre erzeugenden Bewegungen. In allen Gruppen kommt natürlich eine erzeugende Translation τ_0 vor, eventuell in einer Gleitspiegelung β „versteckt". Es wäre ein schönes Schülerprojekt, die möglichen Friesgruppen herzuleiten. Wir geben hier nur das Ergebnis an in Form von folgendem

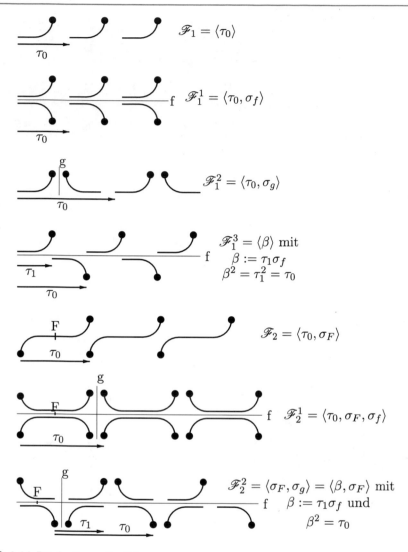

Abb. 2.14 Beschreibung aller Friesgruppen

Satz 2.3.1. *Es gibt (bis auf affine Äquivalenz) genau die in Abb. 2.14 beschriebenen sieben Friesgruppen.*

Einen ausführlichen Beweis findet der Leser z. B. im Abschn. 4.2 des Buches (Quaisser 1994). Die ersten vier Friesgruppen der Sorte $\mathscr{F}_1^*$ enthalten *keine* Punktspiegelung, die übrigen drei Gruppen vom Typ $\mathscr{F}_2^*$ enthalten eine (und damit unendlich viele) Punktspiegelungen.

Wir geben noch drei Beispiele aus Kunst und Natur an: Zunächst zwei Friese aus dem griechischen Kulturkreis um 500 v. Chr., die man auf der Insel Delos finden kann (Abb. 2.15).

Abb. 2.15 Altgriechische
Friese

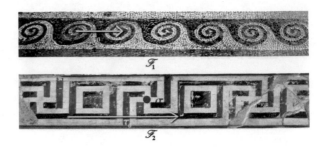

Und ein Friesmuster auf der Haut einer Anakonda aus dem Erfurter Zoo. In der Abb. 2.16 ist rechts die Abstraktion des Hautmusters der Riesenschlange dargestellt mit den erzeugenden Deckbewegungen des Frieses.

Auf eine Betrachtung der 17 Klassen der dritten Sorte von diskreten ebenen Bewegungsgruppen soll hier verzichtet werden (vgl. etwa Kap. 5 in Quaisser 1994). Diese Wandmustergruppen erfüllen mit ihren zwei verschiedenen Translationsrichtungen die ganze Ebene. Es ist immer wieder reizvoll, in Wand- oder Pflasterornamenten die zugehörigen Deckbewegungen zu finden, die das Muster auf sich abbilden. Wir geben wenigstens ein Beispiel mit Lösung und eins aus dem großen Reservoir des islamischen Kulturkreises „zum üben". Die Abb. 2.17 zeigt links eine Wandverkleidung aus dem Neuen Museum in Berlin. Eingezeichnet sind die beiden erzeugenden Translationen und die Spiegelachsen, aus denen sich die Drehwinkel ergeben. Das rechte Bild stammt aus der Alhambra in Grenada. Dort sollen alle 17 Ornamentgruppen in den Wandmosaiken realisiert sein.

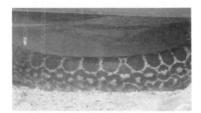

Abb. 2.16 Anakonda

Abb. 2.17 Wandmuster

Platonische Körper

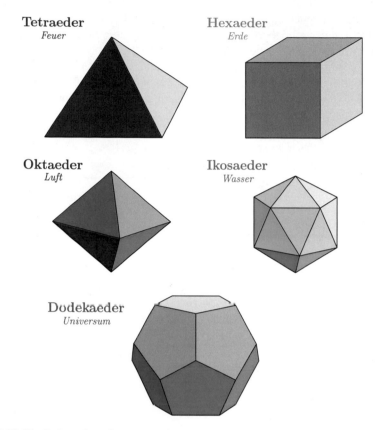

Abb. 2.18 Die fünf regulären konvexen Polyeder

Schließlich kann auch nach diskreten Bewegungsgruppen im Raum gefragt werden, womit man das Reich der geometrischen Kristallographie betritt, was jedoch den Rahmen dieses Buches sprengen würde.

Aber jeder Schüler sollte im Geometrieunterricht wenigstens die fünf regulären konvexen Polyeder kennenlernen, was leider inzwischen selten geworden ist. Es ist einerseits eine für die Raumvorstellung sinnvolle und auch reizvolle Aufgabe, die Deckbewegungen dieser Polyeder zu erkunden. Damit findet man die wichtigsten endlichen (und damit diskreten) Bewegungsgruppen unseres Raumes. Andererseits ist auch der Nachweis, dass nur genau diese fünf regulären konvexen Polyeder existieren, eine mit kombinatorischen Mitteln auch für Schüler lösbare Aufgabe, wenn unser Begriff der Regularität von Polygonen auf die Polyeder des euklidischen Raumes übertragen wird: Die Seitenflächen sind nämlich jeweils kongruente reguläre Polygone (n-Ecke), und in jedem Eckpunkt treffen gleich viele zusammen. Werden die Innenwinkelgrößen dieser regulären n-Ecke berücksichtigt, so erkennt man z. B. sofort, dass nur $n \leq 5$ gelten kann.

Vor allem aber spielen diese Polyeder in der Geschichte der Philosophie, Natur-
wissenschaft und Kunst eine große Rolle. Ihre Entdeckung geht auf die Griechen
zurück. So hat der bedeutende griechische Philosoph Platon sie in seinem Spätwerk
Timaios nicht nur beschrieben, weshalb sie auch nach ihm als *Platonische Körper*
bezeichnet werden, sondern sie auch mit den Grundelementen des Empedokles in
Beziehung gesetzt. Das sind Feuer, Erde, Luft und Wasser für das reguläre Simplex, den Würfel, das Oktaeder und das Ikosaeder, während das Dodekaeder für den
Kosmos, das Weltganze, steht (Abb. 2.18). Es ist interessant, dass zweitausend Jahre
später bei Johannes Kepler diese Platonischen Körper wieder eine zentrale Rolle
spielen bei seiner Interpretation der Planetenbahnen in unserem Sonnensystem in
seinem Werk *Harmonici mundi* – seiner „Weltharmonie".

Literatur

Böhm, J., et al.: Geometrie, I. Axiomatischer Aufbau der euklidischen Geometrie, 5. Aufl. Dt. Verlag
    d. Wiss, Berlin (1988)
Euklid: Die Elemente von Euklid. Ostwald's Klassiker der exakten Wissenschaften. I. u. II. Teil,
    Akademische Verlagsgesellschaft, Leipzig 1933, III. Teil, Leipzig 1935, IV. Teil, Leipzig 1936,
    V. Teil, Leipzig 1937 (1933)
Ettel, P., et al.: 150 Jahre Ur- und Frühgeschichtliche Sammlung der Universität Jena. Jenaer Archäo-
    logische Forschungen, Heft 3, Friedrich-Schiller-Universität Jena (2017)
Henn, H.-W.: Elementare Geometrie und Algebra. Vieweg, Wiesbaden (2003)
Krätzel, E.: Zahlentheorie. Dt. Verlag d. Wiss, Berlin (1981)
Quaisser, E.: Diskrete Geometrie. Spektrum Akademischer Verlag, Heidelberg (1994)
Schreiber, P.: Theorie der geometrischen Konstruktionen. Dt. Verlag d. Wiss, Berlin (1975)
Stewart, I.: Die Macht der Symmetrie. Spektrum Akademischer Verlag, Heidelberg (2008)

Quadratur des Kreises – Zerlegungsgleichheit

3

3.1 Der Zauber der Zahl π

Das wohl berühmteste und bekannteste Problem aus dem Kreis der im antiken Griechenland ungelösten geometrischen Probleme ist das der *Quadratur des Kreises*. Es ist in die Alltagssprache eingegangen: Wenn jemand eine schwierige Aufgabe des täglichen Lebens vom Handwerk bis zur Politik für unlösbar hält, dann wird das kommentiert mit der Bemerkung: „Das ist die Quadratur des Kreises!" Das geometrische Problem besteht dabei in der einfachen Frage: Kann man mit Zirkel und Lineal zu einem gegebenen Kreis $\mathcal{K}$ ein flächengleiches Quadrat $\mathcal{Q}$ konstruieren? Das gegebene Grundobjekt zu dieser Konstruktionsaufgabe ist z. B. eine Radiusstrecke MP (M ist Mittelpunkt, P ein Punkt der Kreislinie), das gesuchte Objekt ist eine Strecke AB der Länge a, welche Seite des gesuchten Quadrates $\mathcal{Q}$ ist, so dass für die Flächeninhalte $F(\mathcal{K}) = F(\mathcal{Q}) = a^2$ gilt. Wie wir aus dem vorigen Kapitel wissen, gäbe es dann auch eine Formel mit der sich a und damit der Flächeninhalt des Kreises durch rationale Rechen- und Quadratwurzeloperationen aus der Radiusmaßzahl $r = l(MP)$ berechnen ließe.

Schon Archimedes von Syrakus hat im 3. Jahrhundert v. Chr. erkannt, dass der Kreis „quadrierbar" ist. Er beweist als ersten Satz in seiner „Kreismessung" die Aussage, dass jeder Kreis einem rechtwinkligen Dreieck inhaltsgleich ist, dessen eine Kathete die Radiuslänge hat und die andere die des Kreisumfangs (Archimedes 1963, S. 369). Dann kann aus diesem Dreieck natürlich ein inhaltsgleiches Quadrat konstruiert werden. Aber wie findet man eine Strecke, deren Länge die des Umfangs eines gegebenen Kreises ist? Das Problem der Flächenmessung (Quadratur) ist auf ein Problem der Längenmessung (Rektifizierbarkeit) einer Kurve zurückgeführt. Beide Probleme sind hier äquivalent und können, wie wir heute wissen, nur näherungsweise gelöst werden. Da alle Kreise zueinander ähnlich sind, hat das Verhältnis des Umfangs zum Durchmesser einen festen Wert – Umfang und Durchmesser multiplizieren sich bei einer Ähnlichkeitsabbildung mit demselben Wert, dem Ähnlich-

E. Hertel, *Altes und Neues aus der Geometrie*, https://doi.org/10.1007/978-3-662-64611-3_3

Abb. 3.1 $\pi \approx 3{,}16$

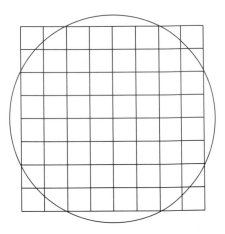

keitsfaktor der Abbildung. Dieses für alle Kreise feste Verhältnis von Umfang zum Durchmesser stellt gewissermaßen eine universelle „Naturkonstante" dar. Sie wird mit dem griechischen Buchstaben π bezeichnet, seit Leonhard Euler dieses Symbol ab 1737 in seinen Arbeiten und seinem Briefwechsel konsequent benutzte. Damit haben wir eine erste Definition für π:

Die Zahl π bezeichnet das Verhältnis vom Umfang zum Durchmesser eines (und damit jedes) Kreises.

Diese Zahl spielt nicht nur in der Geometrie eine wichtige Rolle sondern in fast allen Gebieten der Mathematik und Physik und deren Anwendungen. Seit über drei Jahrtausenden wurde versucht, für π einen rationalen (Näherungs-) Wert zu berechnen. So findet sich z. B. in der Bibel im 1. Buch der Könige, das im 6. Jahrhundert v. Chr. entstand, der Wert $\pi = 3$ (ein Wert, der auch schon im alten China um 1000 v. Chr. auftaucht und mit dem heute noch im Handwerk gelegentlich gearbeitet wird). Es heißt dort bei der Beschreibung der Palastbauten des Königs Salomo: *„Und er machte das Meer, gegossen, von einem Rand zum anderen zehn Ellen weit ..., und eine Schnur von dreißig Ellen war das Maß ringsherum"* (Stuttgarter Erklärungsbibel 1992, S. 436). In dem schon erwähnten ägyptischen Papyrus Rhind aus der Zeit um 1650 v. Chr. findet sich da schon ein bemerkenswert besserer Näherungswert. In der Aufgabe Nr. 50 soll die Fläche eines kreisförmigen Feldes berechnet werden, welches einen Durchmesser von $d = 9$ Maßeinheiten besitzt, und als Lösung wird angegeben, dass man vom Durchmesser den neunten Teil subtrahieren und das Ergebnis mit sich multiplizieren soll. Das führt in moderner Fassung notiert auf die Flächenformel $F = (d - \frac{d}{9})^2 = (\frac{8}{9}d)^2$ und damit auf den beachtlichen Näherungswert $\pi = \frac{256}{81} = 3{,}16049\ldots \approx 3{,}16$ (Abb. 3.1).

Aber die „Sekte der Pyramidisten" ist sogar der Meinung, dass die Ägypter den „genauen" Wert für π schon in der um 2600 v. Chr. erbauten Cheopspyramide verewigt haben mit dem Verhältnis vom halben Umfang $\frac{u}{2}$ zur Höhe h dieses grandiosen Bauwerks. In der Tat, wenn man die damals möglichen Maße für $u = 921{,}1\,m$ und

Abb. 3.2 Mondsichelquadratur

$h = 146{,}6\,m$ annimmt, erhält man für π den Wert $\frac{921{,}1}{2 \cdot 146{,}6} = 3{,}1415\ldots$, der mit dem tatsächlichen Wert von π in den ersten vier Nachkommastellen übereinstimmt. Dieses Phänomen harrt noch einer guten altertumswissenschaftlichen Erklärung!

Von den vielen Versuchen der Kreisquadratur durch Mathematiker des alten Griechenland seien hier nur die berühmten „Möndchen" des Hippokrates im 5. Jahrhundert v. Chr. erwähnt, der sicher angeregt durch das Problem der Quadratur des Kreises die genaue Berechnung einer Fläche angibt, die von einem Halbkreisbogen und einem Viertelkreisbogen begrenzt wird. Wir wollen hier aber ein anderes Beispiel für die Quadratur im engeren Sinne einer auch von Kreisbögen begrenzten Fläche angeben. Es ist entnommen aus dem für Lehrer und Schüler sehr zu empfehlenden Buch mit dem Titel „Die Quadratur des Kreises" (Dudeney 2013, S. 220). Der Titel des Buches ist etwas irreführend, denn die Quadratur des Kreises wird nicht behandelt. Es handelt sich vielmehr um eine Sammlung kniffliger Rätsel größtenteils mathematischen Charakters des wohl berühmtesten Erfinders solcher Rätsel Henry Ernest Dudeney. Die Aufgabe 37 seiner berühmten Sammlung der Canterbury-Rätsel aus dem Jahre 1907 besteht eigentlich darin, die Mondsichel (in Abb. 3.2 links), den Halbmond der Muslime, durch Zerlegen und geeignetes Zusammensetzen in das Kreuz der Kreuzritter zu verwandeln. Die Abb. 3.2 zeigt die schöne Zwischenlösung der Überführung der Mondsichel in ein Quadrat. Der Leser überprüfe diese „Zerlegungsgleichheit" mit nur 4 Teilen.

Aber zurück zu π. Im ausführlichen Buch III der „Elemente" zur Kreislehre behandelt Euklid weder die Frage nach dem Flächeninhalt noch nach dem Umfang des Kreises. So ist wohl Archimedes von Syrakus der erste, der in seiner schon erwähnten Schrift zur Kreismessung diese Fragen mathematisch exakt behandelte. Im zweiten Teil dieser Schrift beweist er den Satz *„Der Kreis hat zum Quadrat seines Durchmessers (nahezu) ein Verhältnis wie 11 zu 14"* (Archimedes 1963, S. 370). Das führt für die Flächenberechnung des Kreises auf den Näherungswert $\pi = \frac{4 \cdot 11}{14} = \frac{22}{7} = 3{,}14285\ldots$. Bemerkenswerter ist aber der dritte Satz im genannten Werk von Archimedes, in dem er für die Umfangsberechnung untere und obere Schranken für π angibt: *„Der Umfang eines jeden Kreises ist dreimal so groß als der Durchmesser und noch um etwas größer, nämlich um weniger als ein Siebentel, aber um mehr als zehn Einundsiebzigstel des Durchmessers"* (Archimedes 1963,

Abb. 3.3 Kreisapproximation

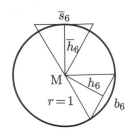

S. 371). Das ergibt die sehr gute Abschätzung $3\frac{10}{71} < \pi < 3\frac{1}{7}$ bzw. $\frac{223}{71} < \pi < \frac{22}{7}$ oder $3{,}14084\ldots < \pi < 3{,}14285\ldots$.

Die Beweismethode für diese Abschätzung besteht darin, dass der Kreisumfang durch den Umfang ein- und umbeschriebener regulärer Polygone angenähert wird. Archimedes beginnt dabei mit dem regulären Sechseck und verdoppelt dann die Seitenzahl bis zum regulären 96-Eck! Wir erläutern das Verfahren in heutiger in der Schule verständlicher Sprache (vgl. Abb. 3.3). Dazu betrachten wir ohne Beschränkung der Allgemeinheit einen Kreis mit dem Radius $r = 1$. Dann hat das einbeschriebene 6-Eck die Seitenlänge $s_6 = 1$, und für die Höhe in den gleichseitigen Dreiecken, in die das einbeschriebene 6-Eck zerlegt werden kann, gilt $h_6 = \frac{1}{2}\sqrt{3}$. Daraus ergibt sich wegen der Ähnlichkeit des entsprechenden Dreiecks im umbeschriebenen 6-Eck mit der Höhe $\overline{h}_6 = r = 1$ für die Seitenlänge des umbeschriebenen 6-Ecks $\overline{s}_6 = \frac{2}{3}\sqrt{3}$ wegen $\overline{s}_6 : s_6 = \overline{h}_6 : h_6 = 1 : \frac{\sqrt{3}}{2}$. Dass nun für die Länge b_6 des Bogenstücks zwischen entsprechenden Dreiecksseiten $s_6 < b_6 < \overline{s}_6$ gelten muss, wird von Archimedes an anderer Stelle als Postulat vorausgesetzt. Damit gilt für die Länge $u/2$ des halben Kreisumfangs $3 \cdot s_6 < \frac{u}{2} < 3 \cdot \overline{s}_6$ oder $3 < \frac{u}{2} < 3{,}46410\ldots$. Aus Kap. 2 wissen wir, wie aus einem regulären n-Eck ein reguläres $2n$-Eck zu konstruieren ist. Es ist eine schöne Übung für Schüler, die entsprechenden Seitenlängen $s_{12}, \overline{s}_{12}$ des dem Einheitskreis ein- und umbeschriebenen regulären 12-Ecks zu berechnen, wozu lediglich der Satz des Pythagoras benötigt wird. Es ergibt sich

$$6 \cdot s_{12} = 6 \cdot \sqrt{2 - \sqrt{3}} < \frac{u}{2} < 6 \cdot 2(2 - \sqrt{3}) = 6 \cdot \overline{s}_{12}$$

und damit $3{,}10582\ldots < \frac{u}{2} < 3{,}21539\ldots$. Die weitere Verdoppelung der Seitenzahl der ein- und umbeschriebenen n-Ecke liefert für $n = 96$ schließlich

$$3{,}14103\ldots < \frac{u}{2} < 3{,}14271\ldots.$$

Das Besondere an dem Satz von Archimedes ist die Abschätzung des Fehlers bei der Rechnung durch rationale Zahlen, die auf den eleganten Näherungswert $\frac{22}{7} \approx 3{,}14$ für π geführt hat, der für die Praxis bis heute der gängigste ist. Seit den achtziger Jahren des vorigen Jahrhunderts begehen dieser Leistung zu Ehren einige Mathematiker jährlich einen *Pi Approximation Day* (Pi-Annäherungstag) am 22. Juli wegen der Datumsschreibweise 22.7. Heute wissen wir, dass die monoton wachsende Folge der Zahlen $3 \cdot 2^{n-1} \cdot s_{3 \cdot 2^n}$ und die monoton fallende Folge der Zahlen $3 \cdot 2^{n-1} \cdot \overline{s}_{3 \cdot 2^n}$

gegen einen gemeinsamen Grenzwert konvergieren müssen und den nennen wir π, womit wir eine zweite Definition für diese Konstante haben:

Die Zahl π bezeichnet die halbe Bogenlänge des Einheitskreises.

Auf Archimedes folgen über zwei Jahrtausende immer wieder Versuche, eine Quadratur des Kreises zu finden. Die seriösen Versuche liefen dabei letztlich darauf hinaus, die Anzahl der exakten Nachkommastellen von π zu erhöhen. Wir geben dafür nur ein bemerkenswertes Beispiel: Der 1540 in Hildesheim geborene Ludolph van Ceulen berechnete nach der Methode von Archimedes mit dem im Einheitskreis einbeschriebenen 2^{62}-Eck (!) die Zahl π auf 32 Stellen genau wohl unter Benutzung der Rekursionsformel $s_{2n} = \sqrt{2 - \sqrt{4 - s_n^2}}$ für die Seitenlängen der einbeschriebenen n-Ecke. Ihm zu Ehren wurde π bis ins 19. Jahrhundert auch als *Ludolphsche Zahl* bezeichnet.

Nach unseren Kenntnissen über Konstruktionen mit Zirkel und Lineal ist klar, dass die Quadratur des Kreises, d. h. jetzt die Konstruktion einer Strecke der Länge π mit Zirkel und Lineal nur möglich ist, wenn sich π durch rationale und Quadratwurzeloperationen aus 1 berechnen lässt, π also mindestens eine algebraische Zahl ist. Im Jahre 1882 hat jedoch Ferdinand Lindemann bewiesen, dass die Zahl π eine transzendente Zahl ist also nicht Wurzel einer algebraischen Gleichung sein kann und damit insbesondere nicht durch einen Bruch dargestellt werden kann. Auf den nicht elementaren Beweis müssen wir hier verzichten und verweisen z. B. auf das schon erwähnte Buch (Krätzel 1981). Obwohl damit die klassische Frage nach der Quadratur des Kreises endgültig negativ beantwortet ist, geht der Wettstreit um weitere Nachkommastellen für π weiter. Der gegenwärtige Rekord (Jan. 2020) beläuft sich auf fünfzig Billionen Nachkommastellen, wozu eine Rechenzeit von über 300 Tagen benötigt wurde – natürlich mit Computern und natürlich nicht mit der Methode des Archimedes. Es gibt inzwischen in der Analysis viele andere Möglichkeiten die Zahl π darzustellen, wovon wir hier nur drei typische Beispiele angeben, womit zugleich drei weitere mögliche Definitionen von π gegeben sind (als unendliche Reihe, unendliches Produkt und als Integral):

$$\frac{\pi}{4} = \sum_{n=0}^{\infty} \frac{(-1)^n}{2n+1} = 1 - \frac{1}{3} + \frac{1}{5} - \frac{1}{7} + \frac{1}{9} \mp \cdots,$$

$$\frac{\pi}{2} = \prod_{n=1}^{\infty} \frac{4n^2}{4n^2-1} = \frac{2 \cdot 2}{1 \cdot 3} \cdot \frac{4 \cdot 4}{3 \cdot 5} \cdot \frac{6 \cdot 6}{5 \cdot 7} \cdots,$$

$$\pi = \int_{-1}^{1} \frac{dx}{\sqrt{1-x^2}}.$$

Allerdings müssten bei der Berechnung von π z. B. mit der nach Leibniz benannten unendlichen Reihe tausend Brüche berechnet werden, um auf wenigstens zwei richtige Nachkommastellen für π zu kommen. Das könnte wohl Schüler zur Verzweiflung bringen. Die heutigen Computerberechnungen benutzen deshalb spezielle

Algorithmen auf der Basis von Rekursionen und zum Teil auch spezieller Hardware. Die Methode von Gauß, Brent und Salamin ist ein solches iteratives Verfahren zur Berechnung unserer Kreiszahl π mit deutlich schnellerer Konvergenz: Mit den Anfangswerten

$$a_0 = 1, \quad b_0 = \frac{1}{\sqrt{2}} \text{ und } s_0 = \frac{1}{2} \text{ liefert die Rekursion}$$

$a_n = \frac{a_{n-1}+b_{n-1}}{2}$ (arithmet. Mittel), $b_n = \sqrt{a_{n-1} \cdot b_{n-1}}$ (geometr. Mittel),
$c_n = a_n^2 - b_n^2$ und $s_n = s_{n-1} - 2^n \cdot c_n$ die gegen π konvergierende Folge $\{p_n\}$ mit
$p_n = \frac{2a_n^2}{s_n}$, die bereits nach 2 Iterationen $p_2 = 3,1416\ldots$ liefert, was der Leser mit einem Taschenrechner leicht nachprüfen kann.

Die Informatik nutzt solche Berechnungen vieler Nachkommastellen von π zum Testen von Programmen und Computern. Die Zahlentheoretiker interessieren sich für Häufigkeiten bestimmter Ziffern bzw. Ziffernfolgen unter den Nachkommastellen. Wir geben hier abschließend die Kreiszahl π auf 30 Stellen genau an:

$$\pi = 3,141592653589793238462643383279\ldots.$$

3.2   Zerlegungsgleichheit (Flächenverwandlung)

Eine „moderne" (mengengeometrische) Interpretation des Problems der Quadratur des Kreises stammt von dem polnischen Mathematiker Alfred Tarski, der im Jahr 1925 folgendes Problem gestellt hat: „Können ein Quadrat und ein flächengleicher Kreis in eine endliche Anzahl disjunkter Teilmengen zerlegt werden, die paarweise kongruent sind?" (Tarski 1925, S. 381). Bevor wir uns dieser Frage der Quadratur des Kreises im engeren Sinne, nämlich der „Verwandlung" des Kreises in ein Quadrat, zuwenden, diskutieren wir den Begriff der Zerlegungsgleichheit von Punktmengen (Figuren) etwas genauer. Damit bewegen wir uns auf dem Feld der diskreten, sogar endlichen, Objektsysteme im Sinne unserer Definition der Diskreten Geometrie. Zunächst präzisieren wir den Begriff der Zerlegung einer Punktmenge durch folgende

Definition 3.2.1.

a) *Eine Punktmenge $\mathcal{A}$ heißt **disjunkt zerlegt** in die n Mengen $\mathcal{A}_i$*

$$\mathcal{A} = \biguplus_{i=1}^{n} \mathcal{A}_i \quad :\Longleftrightarrow \quad \mathcal{A} = \bigcup_{i=1}^{n} \mathcal{A}_i \quad \wedge \quad \mathcal{A}_i \cap \mathcal{A}_k = \emptyset \ (i \neq k).$$

b) *$\mathcal{A}$ heißt **elementar zerlegt** in die n Teilmengen $\mathcal{A}_i$ bzw. **elementargeometrische Summe** der Mengen $\mathcal{A}_i$*

$$\mathcal{A} = \sum_{i=1}^{n} \mathcal{A}_i \quad :\Longleftrightarrow \quad \mathcal{A} = \bigcup_{i=1}^{n} \mathcal{A}_i \quad \wedge \quad \mathrm{int}(\mathcal{A}_i \cap \mathcal{A}_k) = \emptyset \ (i \neq k).$$

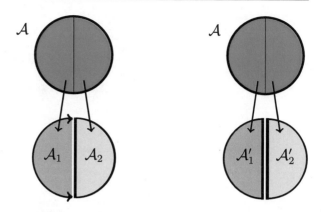

Abb. 3.4 Disjunkte und elementare Zerlegung

Wenn in der Schule die Aufgabe gestellt wird, eine Figur, z. B. einen Kreis, in zwei gleiche Teile zu zerlegen, dann wird in den unteren Klassenstufen kaum die Frage aufgeworfen, wohin die Punkte der Schnittstrecke gehören – beim Kreis etwa die Durchmesserstrecke. In höheren Klassen kann diese Frage schon zu interessanten Diskussionen führen. Wir lösen das Problem durch die zwei unterschiedlichen Zerlegungsbegriffe, einmal den „strengen", die disjunkte Zerlegung, d. h. die Zerlegungsteile haben keinen Punkt gemeinsam. Das hat zur Folge, dass wenigstens eine der Teilmengen nicht mehr abgeschlossen ist, in der Abb. 3.4 ist das die Menge $\mathcal{A}_1$. Im Folgenden nutzen wir zunächst aber den elementaren Zerlegungsbegriff, bei dem die Zerlegungsteile Randpunkte gemeinsam haben dürfen, in der Abbildung sind das die Mengen $\mathcal{A}'_1$ und $\mathcal{A}'_2$.

Die Methode der (elementaren) Zerlegung einer Punktmenge und dem Zusammensetzen der Teile nach geeigneten Bewegungen zu einer anderen Punktmenge spielt insbesondere bei der Begründung der Inhaltslehre für Polygone eine fundamentale Rolle. Diese anschauliche *Flächenverwandlung* wird heute in der Schule leider vernachlässigt. Eine ausführliche Einführung des elementaren Inhaltsbegriffs findet sich z. B. in dem schon zitierten Buch (Böhm 1988). Zwei Polygone, die auf diese Art ineinander überführt werden können, heißen *zerlegungsgleich*.

Definition 3.2.2. *Zwei Punktmengen $\mathcal{A}$ und $\mathcal{B}$ heißen* **zerlegungsgleich**, *wenn sie in eine endliche Anzahl paarweise kongruenter Teilmengen zerlegt werden können:*

$$\mathcal{A} \overset{z}{=} \mathcal{B} \quad :\Leftrightarrow \quad \mathcal{A} = \sum_{i=1}^{n} \mathcal{A}_i \ \wedge \ \mathcal{B} = \sum_{i=1}^{n} \mathcal{B}_i \ \wedge \ \mathcal{A}_i \cong \mathcal{B}_i \ (i = 1, \dots n).$$

Dabei sind, wie früher schon bemerkt, zwei Mengen $\mathcal{A}$ und $\mathcal{B}$ kongruent ($\mathcal{A} \cong \mathcal{B}$), wenn eine ebene Bewegung $\alpha \in \mathbf{B_2}$ existiert, die $\mathcal{A}$ auf $\mathcal{B}$ abbildet: $\alpha(\mathcal{A}) = \mathcal{B}$. Auf den direkten Zusammenhang zwischen der Zerlegungsgleichheit $\mathcal{A} \overset{z}{=} \mathcal{B}$ zweier Polygone und ihrer Inhaltsgleichheit $F(\mathcal{A}) = F(\mathcal{B})$, der schon im ersten Buch von Euklids Elementen vorkommt, gehen wir hier nur kurz ein. Dabei ist F eine

Abb. 3.5 Zerlegungshilfssätze

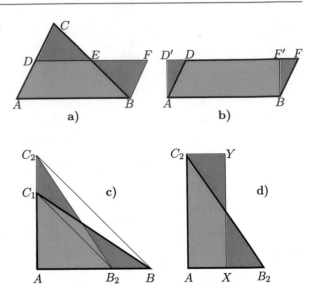

Abbildung der Menge $\mathbf{P}_2$ aller Polygone in die Menge $\mathbb{R}_+$ der nicht negativen reellen Zahlen. Wir formulieren diesen Zusammenhang ohne Beweis in folgendem

Lemma 3.2.1. *Zwei Polygone sind genau dann zerlegungsgleich, wenn sie inhaltsgleich sind:*

$$\forall \mathcal{A}, \mathcal{B} \in \mathbf{P}_2 \Big(\mathcal{A} \overset{z}{=} \mathcal{B} \iff F(\mathcal{A}) = F(\mathcal{B}) \Big).$$

Aber wir skizzieren wenigstens den Beweis der in diesem Zusammenhang nützlichen Aussage, dass jedes Dreieck zerlegungsgleich zu einem Rechteck mit einer vorgegebenen Seitenlänge ist, denn jedes Polygon kann in endlich viele Dreiecke zerlegt werden. Wir beginnen mit der Aussage, die seit über zweitausend Jahren am Anfang jeder Betrachtung zum elementaren Inhalt von Polygonen steht (vgl. Abb. 3.5).

(1) Jedes Dreieck $\triangle ABC$ ist zerlegungsgleich mit einem Parallelogramm $ABFD$ über derselben Grundseite AB und der halben Höhe des Dreiecks. Das folgt aus der Kongruenz der Dreiecke $\triangle DEC$ und $\triangle FEB$ in Abb. 3.5a). Ferner gilt:

(2) Zwei Parallelogramme über derselben Grundseite zwischen denselben Parallelen sind zerlegungsgleich. Das folgt aus der Kongruenz der Dreiecke $\triangle ADD'$ und $\triangle BFF'$ in der Abb. 3.5b). Nach (1) und (2) ist folglich jedes Dreieck zerlegungsgleich zu einem Rechteck über derselben Grundseite unter Berücksichtigung der Tatsache, dass die Zerlegungsgleichheit eine Äquivalenzrelation, also transitiv, ist – der Nachweis dafür ist eine schöne Übungsaufgabe! Und es folgt, dass jedes Dreieck $\triangle ABC$ zerlegungsgleich zu einem rechtwinkligen Dreieck $\triangle ABC_1$ ist. Eine weitere Folgerung aus (1) ist die Aussage:

(3) Dreiecke mit derselben Grundseite und Höhe sind zerlegungsgleich. Damit können wir auf einer Kathete (AC_1 unseres „inzwischen" rechtwinkligen Dreiecks)

die Strecke AC_2 der vorgegebenen Läge des gesuchten Rechtecks abtragen und unser Dreieck $\triangle ABC_1$ zerlegungsgleich in das Dreieck $\triangle AB_2C_2$ überführen (Abb. 3.5c)) und dieses gemäß Abb. 3.5d) schließlich in das Rechteck $AXYC_2$ mit der vorgegebenen Seitenlänge, wobei X Mittelpunkt von AB_2 ist. Soll das ein Quadrat sein, das Dreieck also „quadriert" werden, kann man die Seitenlänge h des Quadrates aus den Seitenlängen a, b des Rechtecks nach dem schon in 2.1 benutzten Höhensatz gewinnen: $h = \sqrt{a \cdot b}$.

Mit dem Lemma 3.2.1 ist eine *innergeometrische* Charakterisierung des Inhaltsbegriffs für Polygone gegeben, d. h. statt des Messens durch Zuordnung einer reellen Maßzahl $F(\mathcal{P})$ für Polygone $\mathcal{P}$ kann der Inhalt von $\mathcal{P}$ auch aufgefasst werden als Äquivalenzklasse $\overline{\mathcal{P}} := \{\mathcal{Q} \in \mathbf{P}_2 : \mathcal{Q} \overset{z}{=} \mathcal{P}\}$ aller zu $\mathcal{P}$ zerlegungsgleicher („gleich großer") Polygone. Der Nachweis, dass die Zerlegungsgleichheit $\overset{z}{=}$ eine Äquivalenzrelation in der Menge $\mathbf{P}_2$ ist, kann dem Leser zur Übung überlassen werden.

Leider ist eine solche innergeometrische Charakterisierung des elementaren Inhalts für Polyeder im $\mathbb{R}^n$ mit $n > 2$ nicht mehr möglich. Das hat insbesondere bereits David Hilbert vermutet als er in seinem berühmten Vortrag auf dem 2. Internationalen Mathematikerkongress 1900 in Paris als drittes seiner dort genannten 23 Probleme die Aufgabe formulierte, zwei volumengleiche Tetraeder anzugeben, die nicht zerlegungsgleich und nicht ergänzungsgleich sind. Zwei Polyeder $\mathcal{P}, \mathcal{Q} \in \mathbf{P}_n$ heißen *ergänzungsgleich,* wenn zerlegungsgleiche Polyeder $\mathcal{P}', \mathcal{Q}'$ existieren, so dass gilt $\mathcal{P} + \mathcal{P}' \overset{z}{=} \mathcal{Q} + \mathcal{Q}'$. Wir unterscheiden hier nicht zwischen Zerlegungs- und Ergänzungsgleichheit, weil die Äquivalenz dieser Relationen in $\mathbf{P}_n$ bereits 1952 von H. Hadwiger bewiesen wurde. Hilberts 3. Problem wurde noch im gleichen Jahr von seinem Schüler Max Dehn gelöst. Wir skizzieren hier kurz die Herleitung der Dehnschen von der Volumengleichheit unabhängigen Bedingungen für die Zerlegungsgleichheit dreidimensionaler Polyeder in einer moderneren Version in Anlehnung an das schöne „Buch der Beweise" von Aigner und Ziegler (2004). Zunächst einige Hilfsbegriffe aus der Linearen Algebra: Ist $\mathcal{M} = \{\alpha_1, \dots, \alpha_k\}$ eine endliche Menge reeller Zahlern, so wird die Menge $\mathsf{V}(\mathcal{M}) := \{\sum_1^k q_i\alpha_i : q_i \in \mathbb{Q}\}$ aller Linearkombinationen von $\mathcal{M}$ mit rationalen Koeffizienten zu einem endlichdimensionalen Vektorraum $(\mathsf{V}(\mathcal{M}), +, \mathbb{Q})$ über dem Körper $\mathbb{Q}$ der rationalen Zahlen, was der Kenner der Vektorraumaxiome leicht nachprüft. Eine Abbildung $f : \mathsf{V}(\mathcal{M}) \longrightarrow \mathbb{Q}$ dieses Raumes in $\mathbb{Q}$ nennen wir *rational-lineares Funktional* auf $\mathcal{M}$, wenn gilt

$$\forall x, y \in \mathsf{V}(\mathcal{M}) \forall q \in \mathbb{Q}\Big(f(x + y) = f(x) + f(y) \quad \wedge \quad f(q \cdot x) = q \cdot f(x)\Big).$$

Für ein Polyeder $\mathcal{P} \in \mathbf{P}_3$ bezeichne $\mathscr{F}_1(\mathcal{P})$ die Menge aller Kanten e von $\mathcal{P}$, $l(e)$ die Länge von e und $\alpha(e)$ die Größe des Winkels zwischen den sich in e treffenden Seitenflächen von $\mathcal{P}$. Die Menge aller dieser *Keilwinkelgrößen* von $\mathcal{P}$ bezeichnen wir mit $\mathcal{M}_\mathcal{P}$. Dann betrachten wir für beliebige endliche Mengen $\mathcal{M} \supseteq \mathcal{M}_\mathcal{P} \cup \{\pi\}$ alle rational-linearen Funktionale auf $\mathcal{M}$ mit $f(\pi) = 0$ und definieren als *Dehn-Invariante* von $\mathcal{P}$

$$D_f(\mathcal{P}) := \sum_{e \in \mathscr{F}_1(\mathcal{P})} l(e) \cdot f(\alpha(e)).$$

Sie stellt für jedes f wie das Volumenfunktional V_3 ein bewegungsinvariantes und additives Polyederfunktional dar:

(0) $D_f : \mathbf{P}_3 \longrightarrow \mathbb{R}$,

(1) $\forall \mathcal{P}, \mathcal{Q} \in \mathbf{P}_3 (\mathcal{P} \cong \mathcal{Q} \implies D_f(\mathcal{P}) = D_f(\mathcal{Q}))$,

(2) $\forall \mathcal{P}, \mathcal{Q}, \mathcal{P} + \mathcal{Q} \in \mathbf{P}_3 (D_f(\mathcal{P} + \mathcal{Q}) = D_f(\mathcal{P}) + D_f(\mathcal{Q}))$.

Damit liefert D_f eine notwendige Bedingung für die Zerlegungsgleichheit von Polyedern. Es gilt der

Satz von Dehn *Für alle Dehn-Invarianten D_f und alle Polyeder $\mathcal{P}, \mathcal{Q} \in \mathbf{P}_3$ gilt*

$$\mathcal{P} \overset{z}{=} \mathcal{Q} \implies D_f(\mathcal{P}) = D_f(\mathcal{Q}).$$

(Vgl. Satz 3.2.2 für die translative Zerlegungsgleichheit.) Nun lässt sich zeigen, dass es volumengleiche Polyeder gibt, die *nicht* zerlegungsgleich sind. Wir wählen dazu den Einheitswürfel $\mathcal{W}$, für dessen Kantenlängen $l(e_\mathcal{W}) = 1$ und Keilwinkelgrößen $\alpha(e_\mathcal{W}) = \frac{\pi}{2}$ gilt, woraus *für alle* f (mit $f(\pi) = 0$) folgt $D_f(\mathcal{W}) = 12 \cdot 1 \cdot f(\frac{\pi}{2}) = 6 \cdot f(\pi) = 0$. Außerdem betrachten wir ein reguläres Tetraeder $\mathcal{T}$ der Kantenlänge $l(e_\mathcal{T})$. Für dieses ergibt sich für die Keilwinkelgrößen an allen Kanten der gleiche Wert φ mit $\cos \varphi = \frac{1}{3}$. Betrachten wir nun das rational-lineare Funktional f_0 auf $\mathcal{M} := \{\frac{\pi}{2}, \arccos \frac{1}{3}, \pi\}$, so gilt $D_{f_0}(\mathcal{T}) = 6 \cdot l(e_\mathcal{T}) \cdot f_0(\arccos \frac{1}{3})$. Wäre der Würfel $\mathcal{W}$ mit einem regulären Tetraeder $\mathcal{T}$ zerlegungsgleich, müsste nach dem Satz von Dehn gelten $0 = D_{f_0}(\mathcal{W}) = D_{f_0}(\mathcal{T})$. $D_{f_0}(\mathcal{T}) = 0$ kann aber nur dann gelten, wenn $\arccos \frac{1}{3}$ *rationales* Vielfaches von π wäre. Dass dies nicht der Fall ist, lässt sich beweisen, worauf wir hier aber verzichten wollen.

Würfel und (volumengleiches) Tetraeder sind also **nicht** zerlegungsgleich! Der Schweizer J.P. Sydler (1965) konnte beweisen, dass die Gleichheit der Dehnschen Funktionale und die Volumengleichheit für die Zerlegungsgleichheit zweier Polyeder auch hinreichend sind. Es gilt also die schöne Aussage:

$$\forall \mathcal{P}, \mathcal{Q} \in \mathbf{P}_3 \left(\mathcal{P} \overset{z}{=} \mathcal{Q} \iff V_3(\mathcal{P}) = V_3(\mathcal{Q}) \ \wedge \ \forall D_f \Big(D_f(\mathcal{P}) = D_f(\mathcal{Q}) \Big) \right).$$

Dieses Ergebnis lässt sich noch auf den 4-dimensionalen Raum übertragen, aber für höhere Dimensionen bleibt das folgende

Problem 5. *Man gebe notwendige und hinreichende Bedingungen für Zerlegungsgleichheit n-dimensionaler Polyeder an für $n > 4$.*

Nach diesem kleinen Exkurs in die elementare Zerlegungstheorie interessieren wir uns jetzt für die (minimalen) Anzahlen der erforderlichen Teile, um die Zerlegungsgleichheit von speziellen Polygonen zu realisieren – eine typische Frage moderner Anwendung klassischer Resultate der (diskreten) Geometrie. Man stelle sich vor, dass eine Firma in der Lasertechnologie eine Werkstückplatte in Form eines gleichseitigen Dreiecks aus edlem Material (Gold) benötigt, der Zulieferer aber nur quadratische Platten der gleichen Größe (Flächeninhalt) liefern kann. Dann muss die quadratische Platte in Teile zerschnitten werden, aus denen die gewünschte Dreiecksform zusammengeschweißt werden kann. Das ist nach unserem Lemma möglich, aber natürlich möchte man so wenig Schnitte wie möglich machen. Wir fragen also nach der minimalen Anzahl der erforderlichen Teilpolygone für die Realisierung der Zerlegungsgleichheit $Q \overset{z}{=} D$ eines Quadrates Q und eines inhaltsgleichen regulären Dreiecks D, dem minimalen *Zerlegungsgrad* $\mathrm{grd}_{B_2}(Q, D)$. Überraschenderweise findet sich die Antwort auf diese Frage bereits als Lösung einer Knobelaufgabe unter den bereits erwähnten Canterbury-Rätseln von Dudeney. Wir formulieren das Ergebnis in folgendem

Satz 3.2.1. *Die Minimalzahl $\mu = \mu(Q, D)$ der erforderlichen Teilpolygone für die Realisierung der Zerlegungsgleichheit von Quadrat und inhaltsgleichem regulären Dreieck ist vier:* $\mathrm{grd}_{B_2}(Q, D) \geq \mu = 4$.

Beweis. Als Beweis geben wir zunächst Dudeneys Konstruktion wörtlich wieder (s. Abb. 3.6): *Halbieren Sie AB bei D und BC bei E; verlängern Sie die Strecke AE nach F, wobei EF die gleiche Länge hat wie EB; halbieren Sie AF bei G und schlagen Sie den Kreisbogen AHF; verlängern Sie EB nach H und EH ist die Seitenlänge des geforderten Quadrats; schlagen Sie um E den Kreisbogen HJ mit dem Radius EH, womit JK gleich lang wie BE ist; nun fällen Sie von den Punkten D und K das Lot auf EJ zu L und M. Wenn Sie dies exakt durchgeführt haben, haben Sie jetzt die erforderlichen Schnittmarken.* (Dudeney 2013, S. 208–209).

Der Nachweis der Korrektheit dieser Konstruktion ist eine zwar etwas mühsame aber lohnenswerte Übung zur elementaren analytischen Geometrie, wenn z. B. für die Eckpunkte des Dreiecks die Koordinaten $A(-1, 0)$, $C(1, 0)$ und $B(0, \sqrt{3})$ eingeführt werden. Schließlich kann mit einfachen kombinatorischen Überlegungen gezeigt werden, dass $\mu(Q, D) < 4$ unmöglich ist – zumindest bei der Forderung, dass die Zerlegungsteile konvexe Polygone sein sollen. □

Abgesehen von unserer obigen Motivation für die Frage nach minimaler Zerlegungsgleichheit von Polygonen ist es eine reizvolle Aufgabe, insbesondere die Zerlegungsgleichheit regulärer Polygone mit möglichst wenigen Teilen zu untersuchen. In (Richter 2009) findet sich die Aussage, dass ein reguläres n-Eck zu einem flächengleichen regulären m-Eck immer zerlegungsgleich ist mit höchstens $7(m + n - 1)$ Zerlegungsteilen. Dass diese Abschätzung im allgemeinen zu grob ist, zeigt ein Beispiel aus der Fülle der in (Frederickson 1997) dazu angegebenen Resultate, das wir kommentarlos mit Abb. 3.7 zitieren, nämlich die Zerlegungsgleichheit (Quadrierbar-

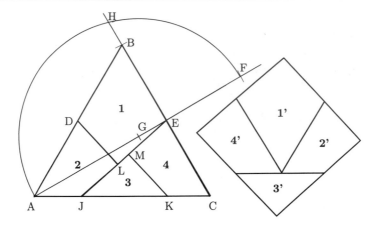

Abb. 3.6 Dudeneys Dreieckszerlegung

Abb. 3.7 Reguläres
Sechseck und Quadrat

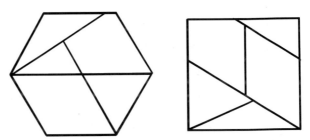

keit) des regulären Sechsecks mit einem inhaltsgleichen Quadrat mittels 5 Teilen (ist die Anzahl 5 der Zerlegungsteile minimal?).

Nicht nur in der Praxis kann die Frage auftreten was aus der Zerlegungsgleichheit wird, wenn nicht beliebige Bewegungen der Zerlegungsteile zugelassen sind. Eine naheliegende Einschränkung wäre die auf die ausschließliche Zulassung von Verschiebungen (Translationen). Wir betrachten also die Gruppe $\mathbf{T_2}$ aller Translationen der Ebene, die eine Untergruppe der vollen Bewegungsgruppe ist ($\mathbf{T_2} < \mathbf{B_2}$), und wir führen einen neuen Begriff der Zerlegungsgleichheit ein.

Definition 3.2.3. *Zwei Punktmengen (Polygone) $\mathcal{A}$ und $\mathcal{B}$ heißen **translativ zerle-gungsgleich**, wenn sie in eine endliche Anzahl paarweise translationsgleicher Teilmengen zerlegt werden können:*

$$\mathcal{A} \stackrel{tz}{=} \mathcal{B} \quad :\Leftrightarrow \quad \mathcal{A} = \sum_{i=1}^{n} \mathcal{A}_i \ \wedge \ \mathcal{B} = \sum_{i=1}^{n} \mathcal{B}_i \ \wedge \ \mathcal{A}_i \stackrel{t}{=} \mathcal{B}_i \ (i = 1, \dots n).$$

Dabei bedeutet die Translationsgleichheit $\mathcal{P} \stackrel{t}{=} \mathcal{Q}$ zweier Punktmengen, dass eine Translation $\tau \in \mathbf{T_2}$ existiert, die $\mathcal{P}$ auf $\mathcal{Q}$ abbildet: $\tau(\mathcal{P}) = \mathcal{Q}$. Für die Beantwortung der Frage, wann zwei Polygone translativ zerlegungsgleich sind, benötigen wir außer der natürlich erforderlichen Inhaltsgleichheit noch eine andere Bedingung, die wir einführen mit folgender

Definition 3.2.4. *Eine Abbildung* f *von der Menge* $\mathbf{P_2}$ *aller Polygone der euklidischen Ebene in die Menge* $\mathbb{R}$ *der reellen Zahlen heiße translationsinvariantes additives* **Polygonfunktional,** *wenn gilt*

(1) $\forall \mathcal{A}, \mathcal{B} \in \mathbf{P_2} \left(\mathcal{A} \stackrel{t}{=} \mathcal{B} \implies f(\mathcal{A}) = f(\mathcal{B}) \right)$ *(Translationsinvarianz) und*

(2) $\forall \mathcal{A}, \mathcal{B}, \mathcal{C} \in \mathbf{P_2} \left(\mathcal{C} = \mathcal{A} + \mathcal{B} \implies f(\mathcal{C}) = f(\mathcal{A}) + f(\mathcal{B}) \right)$ *(Additivität).*

Offensichtlich ist der schon benutzte Flächeninhalt F ein solches Funktional, und die definierten Polygonfunktionale f liefern ein System von notwendigen Bedingungen für die translative Zerlegungsgleichheit im Sinne von folgendem

Satz 3.2.2. *Für alle Polygone* $\mathcal{A}, \mathcal{B}$ *und für alle Polygonfunktionale* f *gilt*

$$\mathcal{A} \stackrel{tz}{=} \mathcal{B} \implies f(\mathcal{A}) = f(\mathcal{B}).$$

Beweis. $\mathcal{A} \stackrel{tz}{=} \mathcal{B}$ bedeutet nach Definition

$$\mathcal{A} = \sum\nolimits_{i=1}^{n} \mathcal{A}_i \ \wedge \ \mathcal{B} = \sum\nolimits_{i=1}^{n} \mathcal{B}_i \ \wedge \ \mathcal{A}_i \stackrel{t}{=} \mathcal{B}_i \ (i = 1, \dots n).$$

Wegen der Translationsinvarianz der Funktionale f gilt $f(\mathcal{A}_i) = f(\mathcal{B}_i)$ für alle $i = 1, \dots, n$, und mit der Additivität folgt (im Sinne einer vollständigen Induktion) aus $\sum_{i=1}^{n} f(\mathcal{A}_i) = \sum_{i=1}^{n} f(\mathcal{B}_i)$ auch $f(\sum_{i=1}^{n} \mathcal{A}_i) = f(\sum_{i=1}^{n} \mathcal{B})$ und somit $f(\mathcal{A}) = f(\mathcal{B})$. $\qquad\square$

Zur Einführung eines speziellen Funktionals für (konvexe) Polygone $\mathcal{P}$ ordnen wir den Seiten (Kanten) AB von $\mathcal{P}$ den auf der Kante senkrecht stehenden und ins Äußere von $\mathcal{P}$ weisenden Normaleneinheitsvektor u als *Richtung* dieser Kante zu und ihre Länge $l_u(\mathcal{P}) := l(AB)$. Damit können wir die Abbildung

$$f_u(\mathcal{P}) := l_u(\mathcal{P}) - l_{-u}(\mathcal{P})$$

definieren, die für jede Richtung u einem Polygon die Differenz der Längen gegenüberliegender paralleler Seiten zuordnet. Die Translationsinvarianz dieser Abbildungen ist offensichtlich und auch der Nachweis der Additivität ist eine leichte Übung. Selbstverständlich ist für jedes Polygon der Wert von f_u höchstens für endlich viele Richtungen u von Null verschieden. Damit haben wir als Folgerung aus Satz 3.2.2 von der Inhaltsgleichheit verschiedene notwendige Bedingungen für die translative Zerlegungsgleichheit von Polygonen gefunden:

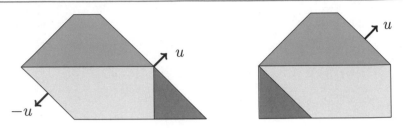

Abb. 3.8 Translative Zerlegungungsgleichheit

$$\mathcal{A} \stackrel{tz}{=} \mathcal{B} \implies \forall u \left(f_u(\mathcal{A}) = f_u(\mathcal{B}) \right).$$

Mit einigem technischen Aufwand lässt sich auch die Umkehrung beweisen, worauf wir hier mit dem Hinweis auf die Arbeit (Hadwiger und Glur 1951) verzichten, d. h. es gilt das folgende

Lemma 3.2.2. *Zwei Polygone* $\mathcal{A}, \mathcal{B}$ *sind genau dann translativ zerlegungsgleich, wenn sie inhaltsgleich sind und für alle Seitenrichtungen u denselben Wert von* f_u *aufweisen:*

$$\mathcal{A} \stackrel{tz}{=} \mathcal{B} \iff F(\mathcal{A}) = F(\mathcal{B}) \quad \wedge \quad \forall u \left(f_u(\mathcal{A}) = f_u(\mathcal{B}) \right).$$

Es sei bemerkt, dass diese Aussage nicht nur für konvexe Polygone gilt, und dass sie für zumindest dreidimensionale Polyeder sinngemäß erweitert werden kann. Wir erwähnen hier das Buch von Hugo Hadwiger (1957), in welchem u. a. die Inhaltslehre für Polyeder im n-dimensionalen euklidischen Raum konsequent auf den Begriff der translativen Zerlegungsgleichheit aufgebaut wird. Zur Veranschaulichung des Lemmas geben wir ein einfaches Beispiel an in Abb. 3.8.

Aus Lemma 3.2.2 ergeben sich einige schöne elementare **Folgerungen:**

(1) Für zentralsymmetrische Polygone werden die Polygonfunktionale f_u alle zu Null, so dass je zwei inhaltsgleiche zentralsymmetrische Polygone auch translativ zerlegungsgleich sind.

(2) Insbesondere sind beliebige inhaltsgleiche reguläre 2n- und 2m-Ecke mit 1 < $n \leq m$ stets translativ zerlegungsgleich.

(3) Jedes zentralsymmetrische Polygon ist zu einem inhaltsgleichen Quadrat translativ zerlegungsgleich, also „translativ quadrierbar".

(4) Für beliebige Dreiecke $\mathcal{D}$ und $\mathcal{D}'$ gilt $\mathcal{D} \stackrel{tz}{=} \mathcal{D}' \Rightarrow \mathcal{D} \stackrel{t}{=} \mathcal{D}'$, aus der translativen Zerlegungsgleichheit folgt ihre Translations*gleichheit.*

Das liefert eine Fülle von Themen für Übungen und Schülerprojekte wie Realisierung der translativen Zerlegungsgleichheit von regulären Polygonen mit möglichst wenig Teilen, translative Zerlegungsgleichheit anderer zentralsymmetrischer Polygone, Abhängigkeit von der gegenseitigen Lage in der Ebene usw. Wir geben dazu

Abb. 3.9 Translativ
zerlegungsgleiche Quadrate

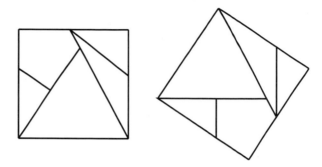

ein auf Hadwiger zurückgehendes Verfahren für die translative Zerlegungsgleichheit von zwei kongruenten Quadraten in Drehlage an in Abb. 3.9.

Eine weitere Modifikation des klassischen Zerlegungsgleichheitsbegriffs besteht in der Zulassung allgemeinerer Transformationen. Für die Schule bieten sich die Ähnlichkeitsabbildungen an. Wir erinnern kurz: Eine *Ähnlichkeitsabbildung* ist eine Transformation φ des euklidischen Raumes $\mathbb{R}^n$, die das Verhältnis beliebiger Streckenlängen invariant lässt:

$$\forall A, B, C, D \in \mathbb{R}^n \left(C \neq D \;\Rightarrow\; \frac{l(AB)}{l(CD)} = \frac{l\big(\varphi(A)\varphi(B)\big)}{l\big(\varphi(C)\varphi(D)\big)} \right).$$

Die Ähnlichkeitsabbildungen werden erzeugt von den Bewegungen und den zentrischen oder *Radialstreckungen* $\rho = \rho_\lambda^Z$ mit dem Zentrum Z, dem Streckungsfaktor (Ähnlichkeitsfaktor) $\lambda \in \mathbb{R}$, $\lambda > 0$ und der Abbildungsvorschrift

$$\rho(X) = X' \text{ mit } \begin{cases} X' = X & \text{für } X = Z \\ X' \in ZX^+ \;\wedge\; l(X'Z) = \lambda \cdot l(XZ) & \text{für } X \neq Z. \end{cases}$$

Wir betrachten hier nur die Menge $\mathbf{H_2}$ der Ähnlichkeitsabbildungen in der Ebene. Diese bilden wieder eine Gruppe, die sogenannte *Hauptgruppe* mit den Bewegungen als Untergruppe: $\mathbf{B_2} < \mathbf{H_2}$. Zwei Punktmengen (Polygone) $\mathcal{A}, \mathcal{B}$ heißen dann *ähnlich*, wenn es eine Ähnlichkeitsabbidung von $\mathcal{A}$ auf $\mathcal{B}$ gibt:

$$\mathcal{A} \simeq \mathcal{B} \quad :\Longleftrightarrow \quad \exists \alpha \in \mathbf{H_2}\big(\alpha(\mathcal{A}) = \mathcal{B}\big).$$

Nun können wir die Zerlegungsgleichheit bezüglich der Gruppe $\mathbf{H_2}$ erklären durch folgende

Definition 3.2.5. *Zwei Punktmengen (Polygone) $\mathcal{A}$ und $\mathcal{B}$ heißen **zerlegungsähnlich,** wenn sie in eine endliche Anzahl paarweise ähnlicher Teilmengen zerlegt werden*

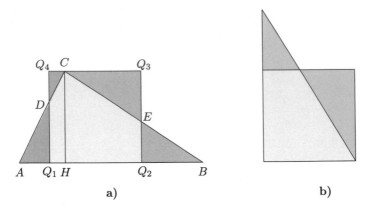

Abb. 3.10 Zerlegungsähnlichkeit

können:

$$\mathcal{A} \overset{z\ddot{a}}{\cong} \mathcal{B} \ :\Leftrightarrow\ \mathcal{A} = \sum_{i=1}^{n} \mathcal{A}_i \ \wedge\ \mathcal{B} = \sum_{i=1}^{n} \mathcal{B}_i \ \wedge\ \mathcal{A}_i \simeq \mathcal{B}_i \ (i = 1, \ldots, n).$$

Die Untersuchung der Zerlegungsähnlichkeit von elementaren Punktmengen könnte den Schulunterricht zur Ähnlichkeitslehre wesentlich bereichern. Zumal folgende bemerkenswerte Aussage gilt.

Satz 3.2.3. *Zwei beliebige (nicht notwendig konvexe) Polygone sind stets zerlegungsähnlich:* $\forall \mathcal{A}, \mathcal{B} \in \mathbf{P}_2 \ (\mathcal{A} \overset{z\ddot{a}}{\cong} \mathcal{B}).$

Beweis. Nach unseren früheren Überlegungen und der Tatsache, dass auch die Zerlegungsähnlichkeit eine Äquivalenzrelation in der Menge $\mathbf{P}_2$ aller Polygone ist, genügt der Nachweis, dass jedes Dreieck mit einem (beliebigen) Quadrat zerlegungsähnlich ist. Dazu betrachten wir die größte Seite AB des Dreiecks $\mathcal{D} = \triangle ABC$. Dann ist die zu AB gehörige Höhe HC kleiner als die Seite AB und kann im Inneren derselben als Strecke $Q_1 Q_2$ abgetragen werden (s. Abb. 3.10). Über dieser Strecke errichten wir das Quadrat $\mathcal{Q}' = Q_1 Q_2 Q_3 Q_4$, welches zu einem beliebig vorgegebenen Quadrat $\mathcal{Q}$ ähnlich, also auch zerlegungsähnlich ist. Die zu AB senkrechten Seiten von $\mathcal{Q}'$ schneiden die Dreiecksseiten AC und BC in den Punkten D und E. Dann gilt offensichtlich (Ähnlichkeitssätze für Dreiecke!) $\triangle AQ_1 D \simeq \triangle CQ_4 D$ und $\triangle BQ_2 E \simeq \triangle CQ_3 E$, womit $\mathcal{D} \overset{z\ddot{a}}{\cong} \mathcal{Q}'$ erwiesen ist. Mit $\mathcal{Q}' \overset{z\ddot{a}}{\cong} \mathcal{Q}$ und der Transitivität der Zerlegungsähnlichkeit gilt schließlich $\mathcal{D} \overset{z\ddot{a}}{\cong} \mathcal{Q}$. □

Als Folgerung aus unserem Beweis ergibt sich zusätzlich, dass jedes Dreieck zu einem Quadrat zerlegungsähnlich ist mit nur drei Zerlegungsteilen, und die Abb. 3.10b) zeigt, dass für rechtwinklige Dreiecke sogar nur zwei Teile erforderlich sind. Bemerkenswert ist auch die schöne von C. Richter gefundene Aussage,

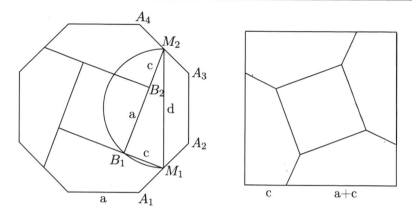

Abb. 3.11 Zerlegungsgleichheit von regulärem Achteck und Quadrat

dass zwei beliebige Dreiecke stets zerlegungsähnlich mit höchstens drei Teilen sind – vgl. (Hertel 1986). Dort findet sich auch der Satz, dass zwei beliebige konvexe n- bzw. m-Ecke mit $n \geq m$ zerlegungsähnlich mit höchstens $3(n-2)$ Zerlegungsteilen sind. Die Konstruktionen der Zerlegungsähnlichkeit von speziellen Figuren, nicht nur von konvexen Polygonen, und der dabei mindestens erforderlichen Anzahl von Zerlegungsteilen bieten ein fast unerschöpfliches Feld auch für Schüler. Wir formulieren dieses Feld etwas ausführlicher in folgendem

Problem 6. *Welches ist die minimale Anzahl der erforderlichen Zerlegungsteile bei der Realisierung der elementaren Zerlegungsgleichheit $\overset{z}{=}$, der translativen Zerlegungsgleichheit $\overset{tz}{=}$ bzw. der Zerlegungsähnlichkeit $\overset{z\ddot{a}}{=}$ von regulären n-Ecken in reguläre m-Ecke?*

Wir zeigen wenigstens ein schönes Beispiel für die wohl minimale Zerlegungsgleichheit von regulärem Achteck und Quadrat mit konvexen Zerlegungsteilen, das sich in dem schon erwähnten Buch (Frederickson 1997) findet. Allerdings geben wir hier eine andere leichter nachvollziehbare Konstruktion an.

Es ist eine schöne Übung für Schüler, den Flächeninhalt $F(\mathcal{P}_8)$ des regulären Achtecks $\mathcal{P}_8$ in Abhängigkeit von der Seitenlänge a zu berechnen. Es ergibt sich

$$F(\mathcal{P}_8) = r^2 \cdot 2\sqrt{2} = 4 \cdot a \cdot h,$$

wenn r den Umkreisradius von $\mathcal{P}_8$ bezeichnet und h den Inkreisradius. Dabei ist h zugleich die Höhe über der Seite $A_i A_{i+1}$ in den acht Dreiecken $\triangle A_i A_{i+1} M$ in die $\mathcal{P}_8$ mit den Eckpunkten A_i und dem Mittelpunkt M zerlegt werden kann. Damit ergibt sich wegen $r^2 = h^2 + (\frac{a}{2})^2$ für $r = a\sqrt{1 + \frac{\sqrt{2}}{2}}$ und für $h = \frac{a}{2}(1 + \sqrt{2})$. Die Seitenlänge s des zu $\mathcal{P}_8$ zerlegungsgleichen Quadrates $\mathcal{Q}$ muss dann wegen der notwendigen Flächengleichheit $s = a\sqrt{2 + 2\sqrt{2}}$ betragen. Nun bestimmen wir den Wert

Abb. 3.12 Zerlegungsähnlichkei
von regulärem Achteck und
Quadrat

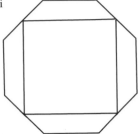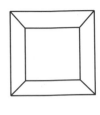

$$c := \frac{1}{2}(s - a) = \frac{a}{2}\left(\sqrt{2 + 2\sqrt{2}} - 1\right).$$

Über der Verbindungsstrecke der Mittelpunkte M_1 und M_2 zweier Seiten $A_1 A_2$ und $A_3 A_4$ von $\mathcal{P}_8$ mit der Länge $d := |M_1 M_2| = a(1 + \frac{\sqrt{2}}{2})$ wird ein Kreisbogen (Thaleskreis) errichtet und um M_1 ein Kreisbogen mit Radius c, der den Thaleskreis in B_1 trifft. Von B_1 tragen wir die Strecke $B_1 B_2$ der Länge a auf $B_1 M_2$ ab. Dann gilt im rechtwinkligen Thalesdreieck $d^2 = c^2 + (a + c)^2$. Der Rest der Konstruktion ist aus der Abb. 3.11 ersichtlich. Das „Schöne" ist dabei, dass beide Zerlegungen eine vierfache Drehsymmetrie aufweisen!

Wesentlich einfacher ist natürlich die Situation, wenn Ähnlichkeitsabbildungen zugelassen sind wie unser letztes Beispiel in Abb. 3.12 zeigt

3.3   Kreis und Quadrat

Nun aber zurück zu unserer Ausgangsfrage: Gibt es eine „moderne" (mengen-geometrische) Möglichkeit der Quadratur des Kreises, indem ein Kreis zerlegungs-gleich in ein flächengleiches Quadrat überführt wird? Es ist sofort klar, dass die Zer-legungsteile dann nicht nur Polygone sein können. Wir wollen zunächst einen Fall untersuchen, der zur Behandlung in der Schule geeignet und empfehlenswert ist. Dazu nennen wir eine ebene Punktmenge $\mathcal{A}$ *elementar*, wenn sie erstens zusammen-hängend und kompakt ist, d. h. sie ist beschränkt (in einem genügend großen Kreis gelegen) und abgeschlossen. Zweitens soll ihr Rand nur aus Kreisbogenstücken und Strecken bestehen. Ein solches Kreisbogenstück $\hat{b}$ nennen wir *konvex*, wenn für je zwei genügend nahe beieinander liegende Punkte $x_1, x_2 \in \hat{b}$ die konvexe Hülle des Teilbogens $\widehat{x_1 x_2}$ stets in $\mathcal{A}$ liegt: conv $\widehat{x_1 x_2} \subseteq \mathcal{A}$. $\hat{b}$ heißt *konkav*, wenn statt dessen diese konvexen Hüllen mit dem Inneren von $\mathcal{A}$ keine Punkte gemeinsam haben: conv $\widehat{x_1 x_2} \cap \text{int}\mathcal{A} = \emptyset$. Auf der Menge **E** dieser elementaren Mengen erklären wir ein Funktional μ im Sinne unseres Funktionalbegriffs f_u von früher. Jetzt verlangen wir aber lediglich, dass μ additiv und invariant gegenüber Ähnlichkeitsabbildungen ist:

$$(1)\,\mu(\mathcal{A} + \mathcal{B}) = \mu(\mathcal{A}) + \mu(\mathcal{B}) \quad \text{und} \quad (2)\,\mathcal{A} \simeq \mathcal{B} \;\Rightarrow\; \mu(\mathcal{A}) = \mu(\mathcal{B}).$$

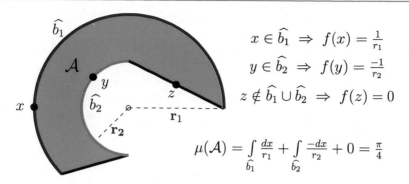

Abb. 3.13 Elementarmenge

Dazu definieren wir zunächst eine Funktion f, die für Punkte x auf einem konvexen Randbogenstück $\widehat{b_1}$ mit Radius r_1 den Wert $f(x) = \frac{1}{r_1}$, auf konkavem Bogen $\widehat{b_2}$ mit Radius r_2 den Wert $f(x) = \frac{-1}{r_2}$ haben soll und sonst (wenn x auf einer Randstrecke liegt) den Wert $f(x) = 0$ annehmen soll (s. Abb. 3.13). Dann existiert das Integral dieser Funktion längs des Randes $\mathrm{bd}(\mathcal{A})$ von $\mathcal{A}$, und wir können ein Funktional μ auf **E** definieren durch

$$\mu(\mathcal{A}) := \int\limits_{\mathrm{bd}(\mathcal{A})} f(x)dx.$$

Dass die spezielle Konstruktion der Abbildung $\mu : \mathbf{E} \to \mathbb{R}$ die geforderten Eigenschaften (1) und (2) garantiert, ist leicht einzusehen. Wird nun die verallgemeinerte elementare Zerlegungsgleichheit $\overset{ez}{=}$ von Elementarmengen $\mathcal{A}, \mathcal{B} \in \mathbf{E}$ erklärt durch

$$\mathcal{A} \overset{ez}{=} \mathcal{B} \quad :\Leftrightarrow \quad \mathcal{A} = \sum\nolimits_1^n \mathcal{A}_i \,\wedge\, \mathcal{B} = \sum\nolimits_1^n \mathcal{B}_i \,\wedge\, \mathcal{A}_i \simeq \mathcal{B}_i, \, \mathcal{A}_i, \mathcal{B}_i \in \mathbf{E} \,(i = 1, \ldots, n),$$

so zeigt sich in Analogie zur Rolle der Funktionale f_u, dass das Funktional μ eine notwendige Bedingung für die elementare Zerlegungsgleichheit liefert:

$$(3) \; \forall \mathcal{A}, \mathcal{B} \in \mathbf{E}\left(\mathcal{A} \overset{ez}{=} \mathcal{B} \implies \mu(\mathcal{A}) = \mu(\mathcal{B})\right).$$

Damit können wir die Unmöglichkeit der mengengeometrischen Quadratur des Kreises mittels elementarer Zerlegungsteile beweisen, obwohl wir die Teile nicht nur bewegen sondern sogar vergrößern und verkleinern können. Denn es gilt der folgende

Satz 3.3.1. *Kreis und Quadrat sind* **nicht** *elementar zerlegungsgleich.*

Beweis. Angenommen für einen Kreis $\mathcal{K}$ und ein (flächengleiches) Quadrat $\mathcal{Q}$ gilt $\mathcal{K} \overset{ez}{=} \mathcal{Q}$. Dann muss mit (3) gelten $\mu(\mathcal{K}) = \mu(\mathcal{Q})$. Es ist aber $\mu(\mathcal{K}) = 2\pi$ und $\mu(\mathcal{Q}) = 0$. $\qquad\square$

Diese negative Quadraturaussage ist noch deutlich verschärfbar indem als Zerlegungsteile Mengen zugelassen werden können, deren Rand rektifizierbar (messbar) ist (vgl. Dubins et al. 1963). Mit „Schereschneiden" gelingt also keine Flächenverwandlung vom Kreis in ein Quadrat! Die Situation ändert sich jedoch wesentlich, wenn wir auf die „Schere" verzichten und beliebige Punktmengen als Zerlegungsteile zulassen und die Bewegungen um zentrische Streckungen erweitern. Dann ist der Kreis sogar *zerlegungsähnlich* zu jedem beliebigen Quadrat. Wir formulieren dieses Phänomen genauer in folgendem

Satz 3.3.2. *Jeder Kreis $\mathcal{K}_r(M)$ ist zerlegungsähnlich zu jedem Quadrat Q mit nur zwei Zerlegungsteilen, wenn diese beliebige Punktmengen sein dürfen.*

Beweis. Sei $\mathcal{K} = \mathcal{K}_r(M)$ ein Kreis mit Radius r und Mittelpunkt M und $Q = Q_a$ ein Quadrat mit Mittelpunkt M' und der Seitenlänge a (s. Abb. 3.14). Dann definieren wir Teilmengen von Q induktiv durch

$Q_0 := Q \setminus \mathcal{K}_{a/2}$ (wir subtrahieren von Q einen Kreis $\mathcal{K}_{a/2} := \mathcal{K}_{a/2}(M')$),

$Q_k := \rho_{M'}^{\lambda_k}(Q_0)$ für $k > 0$, wobei $\rho_{M'}^{\lambda_k} \in \mathbf{H_2}$ die zentrische Streckung mit dem Zentrum

$$M' \text{ und dem Streckungsfaktor } \lambda_k := 2^{-\frac{k}{2}} \text{ ist, und}$$

$\mathcal{K}_0 := \mathcal{K}_{a/2} \setminus \operatorname{conv} Q_1$ (wir subtrahieren von dem Kreis $\mathcal{K}_{a/2}$ die konvexe Hülle der Menge Q_1), und

$\mathcal{K}_k := \rho_{M'}^{\lambda_k}(\mathcal{K}_0)$ für $k > 0$.

Damit gilt $Q = \mathcal{Z}_1 + \mathcal{Z}_2$ für die Zerlegungsmengen $\mathcal{Z}_1 := \bigcup_{k=0}^{\infty} Q_k \cup \{M'\}$ und $\mathcal{Z}_2 := \bigcup_{k=0}^{\infty} \mathcal{K}_k$, die offenbar keine inneren Punkte gemeinsam haben. Nun betrachten wir die Ähnlichkeitsabbildungen $\alpha, \beta \in \mathbf{H_2}$ mit $\alpha := \rho_M^{\mu_1} \circ \tau$ und $\beta := \rho_M^{\mu_2} \circ \tau$ mit derjenigen Translation τ, die den Quadratmittelpunkt M' auf den Kreismittelpunkt M abbildet, und der anschließenden zentrischen Streckung am Mittelpunkt M des Kreises $\mathcal{K}$ und dem Streckungsfaktor $\mu_1 := \frac{r}{a}\sqrt{2}$ bzw. $\mu_2 := \frac{2r}{a}$. Die Anwendung dieser Abbildungen auf die Zerlegungsmengen liefert die innendisjunkten Teilmengen $\mathcal{Z}_1' := \alpha(\mathcal{Z}_1)$ und $\mathcal{Z}_2' := \beta(\mathcal{Z}_2)$ von $\mathcal{K}$, so dass $\mathcal{K} = \mathcal{Z}_1' + \mathcal{Z}_2'$ gilt und somit $\mathcal{K} \overset{z\ddot{a}}{=} Q$.   □

Dieser Satz kann wesentlich verallgemeinert werden: Zwei beliebige beschränkte Punktmengen mit nicht leerem Inneren im n-dimensionalen euklidischen Raum sind zerlegungsähnlich mit zwei Zerlegungsteilen (vgl. Proposition 4 in Hertel 1986). Aber die mengengeometrische Quadratur des Kreises ist in diesem Sinne auch möglich mit „anständigeren" Zerlegungsmengen, nämlich mit topologischen Scheiben, d. h. homöomorphen Bildern der Einheitskreisscheibe, was anschaulich gesprochen

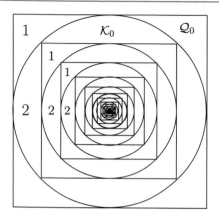
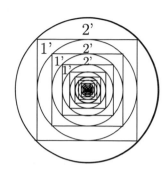

Abb. 3.14 Quadratur des Kreises I

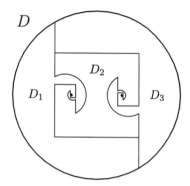
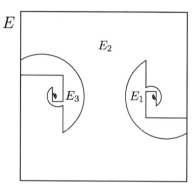

Abb. 3.15 Quadratur des Kreises II

stetig deformierte Kreisflächen sind. Es genügen dann sogar nur drei Teilmengen für die Realisierung der Beziehung $\mathcal{K} \overset{z\ddot{a}}{=} \mathcal{Q}$, und als Transformationsgruppe reicht die um *eine* zentrische Streckung erweiterte Gruppe der Translationen. Wir entnehmen die entsprechende Figur (Abb. 3.15) aus der Arbeit (Richter 2003, S. 204).

Natürlich ist die Zulassung einer zentrischen Streckung für die mengengeometrische Realisierung der Kreisquadratur eine starke Abschwächung der ursprünglichen Frage von Tarski aus dem Jahre 1925, nach der ja als Transformationen der paarweise disjunkten (!) Zerlegungsteile nur Bewegungen zugelassen sind.

Es war eine große Überraschung als Tarskis Frage im Jahr 1989 von dem ungarischen Geometer Miklós Laczkovich positiv beantwortet wurde mit der Aussage, dass jeder Kreis disjunkt translativ zerlegungsgleich zu einem flächengleichen Quadrat ist. Einerseits ist dabei bemerkenswert, dass Translationen zur Bewegung der Zerlegungsmengen ausreichen, andererseits sind die Zerlegungsteile aber unter Benutzung des Auswahlaxioms (also nicht konstruktiv) erzeugt, und man benötigt davon etwa 10^{50}. Trotzdem ist mit dem 40seitigen Beweis dieser Aussage (Laczkovich 1990) die Quadratur des Kreises im „modernen" Sinn gelöst!

Literatur

Aigner, M., Ziegler, G.: Das Buch der Beweise, 2. Aufl. Springer, Berlin (2004)

Archimedes: Kreismessung. In: Archimedes Werke. Wissenschaftliche Buchgesellschaft, Darmstadt (1963)

Böhm, J., et al.: Geometrie, I. Axiomatischer Aufbau der euklidischen Geometrie. 5. Aufl. Dt. Verlag d. Wiss., Berlin (1988)

Dubins, L., Hirsch, M.W., Karush, J.: Scissor congruence. Isr. J. Math. **1**, 239–247 (1963)

Dudeney, H.E.: Die Quadratur des Kreises. Anaconda Verlag GmbH, Köln (2013)

Frederickson, G.N.: Dissections: plane and fancy. Cambridge University Press, Cambridge (1997)

Hadwiger, H.: Vorlesungen über Inhalt. Oberfläche und Isoperimetrie. Springer, Berlin-Göttingen (1957)

Hadwiger, H., Glur, P.: Zerlegungsgleichheit ebener Polygone. Elem. Math. **6**, 97–106 (1951)

Hertel, E.: Zerlegungsähnlichkeit von Polygonen. Elem. Math. **41**, 139–143 (1986)

Krätzel, E.: Zahlentheorie. Dt. Verlag d. Wiss, Berlin (1981)

Laczkovich, M.: Equidecomposability and discrepancy; a solution of Tarski's circle squaring problem. J. Reine Angew. Math. **404**, 77–117 (1990)

Richter, C.: The minimal number of pieces realizing affine congruence by dissection of topological discs. Period. Math. Hung. **46**, 203–213 (2003)

Richter, C.: Cardinality estimates for piecewise congruences of convex polygons. Beitr. Algebra Geom. **50**, 389–403 (2009)

Stuttgarter Erklärungsbibel: Deutsche Bibelgesellschaft, Stuttgart (1992)

Sydler, J.P.: Conditions nécessaires et suffisiantes pour l'équivalence des polyèdres l'espace Euclidien à trois dimensions. Comment. Math. Helv. **40**, 43–80 (1965)

Tarski, A.: Problème 38. Fund. Math. **7**, 381 (1925)

Verdoppelung des Würfels – Zerlegungsparadoxien

4.1 Das Delische Problem

Zum nächsten Problem, mit dem wir uns jetzt beschäftigen wollen und das von den alten Griechen nicht gelöst werden konnte, gibt es eine schöne Geschichte über seine Entstehung: Die heute unbewohnte und wenig bekannte kleine Kykladeninsel Delos war eine der bedeutendsten heiligen Stätten des antiken Griechenlands. Sie hatte bis zu 25.000 Einwohner. Es befand sich dort das Heiligtum eines der wichtigsten griechischen Götter, des Lichtgottes Apollon. Nach der Mythologie wurde er mit seiner Zwillingsschwester, der Göttin der Jagd Artemis, auf dieser Insel geboren. Im Zentrum der Apollon-Tempelanlage befand sich ein berühmter Opferaltar, nach der Mythologie von Apollon selbst „aus den linken Hörnern der von Artemis erlegten wilden Ziegen errichtet, von kubischer Form,..." (Gruben 1997, S. 409). Dieser sogenannte „Hörneraltar" gehörte in der Antike zeitweise zu den sieben Weltwundern. Über den genauen Ort des Altars streiten die Archäologen wohl immer noch, aber mit großer Wahrscheinlichkeit befand er sich dort, wo auf der Abb. 4.1 der große Würfel zu sehen ist, der jedoch nicht der Altar ist! Man erkennt aber deutlich die halbrunden Grundmauern des sogenannten „Apsidienbaus", in dem sich wohl der Altar befand.

Nach dem Ausbruch der Pest auf Delos im 5. Jahrhundert v. Chr. befragten die Priester das Orakel um eine Lösung aus der furchtbaren Lage und erhielten als Antwort die Aufgabe, den würfelförmigen Apollonaltar zu verdoppeln. Wie bestimmt man aber die Kantenlänge eines Würfels doppelter Größe aus der Kantenlänge des gegebenen Würfels? In einer Version der Geschichte schickten die Delier nach Athen zu Platon um Rat. Dieser soll dann gesagt haben, dass der Orakelspruch bedeutet, die Delier sollen sich mehr mit Geometrie (Mathematik) beschäftigen. Als Hilfsmittel für die Konstruktion der Kantenlänge b eines Würfels, dessen Volumen doppelt so groß ist wie ein Würfel mit der Kantenlänge a, galten natürlich nur Zirkel und Lineal. Das *Delische Problem* oder Problem der Würfelverdoppelung besteht also

E. Hertel, *Altes und Neues aus der Geometrie*, https://doi.org/10.1007/978-3-662-64611-3_4

Abb. 4.1 Auf der Insel Delos

in der Frage, wie man aus einer Strecke der Länge a eine Strecke der Länge b mit Zirkel und Lineal konstruiert mit der Eigenschaft $2 \cdot a^3 = b^3$. Es ist also $b = a \cdot \sqrt[3]{2}$ zu konstruieren.

Mathematisch besteht also letztlich das Delische Problem der Würfelverdoppelung darin, mit Zirkel und Lineal aus einer Strecke der Länge 1 eine Strecke der Länge $\sqrt[3]{2}$ zu konstruieren. Aus 2.1 wissen wir, dass dies nur möglich ist, wenn sich die dritte Wurzel aus 2 durch ausschließlich rationale und Quadratwurzelausdrücke berechnen lässt. Dass dies aber unmöglich ist, wurde erst 1837 durch den schon erwähnten französischen Mathematiker Pierre Wantzel bewiesen. Wir formulieren diese Tatsache als

Lemma 4.1.1 *Die Konstruktion einer Strecke der Länge $\sqrt[3]{2}$ aus der Einheitsstrecke allein mit Zirkel und Lineal ist unmöglich.*

Auf einen Beweis wollen wir hier verzichten – die eleganten modernen Beweise benutzen die Theorie der Körpererweiterungen, wir verweisen z. B. auf das schon erwähnte Buch (Schreiber 1975).

Über zwei Jahrtausende haben die Mathematiker nach einer Lösung des Delischen Problems geforscht, sind aber bestenfalls nur auf Näherungslösungen gestoßen oder sie haben Ideen entwickelt, wie eine Konstruktion von $\sqrt[3]{2}$ mit zusätzlichen Hilfsmitteln über Zirkel und Lineal hinaus gelingt. Schon die Griechen haben dazu spezielle Kurven oder ein Einschiebelineal benutzt. Ein triviales Beispiel ist die Benutzung der Kurve mit der Gleichung $y = x^3$ in kartesischen Koordinaten. Wenn diese Kurve gegeben ist mit den Koordinatenachsen, dann kann auf naheliegende Weise mit Zirkel und Lineal eine Strecke der Länge $\sqrt[3]{2}$ gefunden werden (s. Abb. 4.2).

Als Beispiel für eine Näherungskonstruktion für eine Strecke der Länge $\sqrt[3]{2}$ aus der Einheitsstrecke mit Zirkel und Lineal geben wir die Konstruktion von Lorenzo Mascheroni an, der diese in seinem Buch *La Geometria del Compasso* ausführte, in

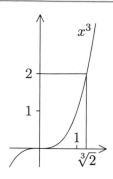
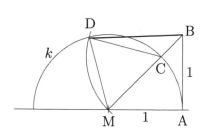

Abb. 4.2 Dritte Wurzel aus 2

dem er vor allem nachgewiesen hat, dass jede Zirkel-Lineal-Konstruktion auch mit dem Zirkel allein ausgeführt werden kann.

Dazu wählen wir im Einheitskreis k mit Mittelpunkt M einen Peripheriepunkt A, in dem wir die Senkrechte zu MA errichten und auf ihr die Einheitsstrecke AB abtragen. Die Verbindungsstrecke BM der Länge $|MB| = \sqrt{2}$ schneide den Kreis in C, so dass gilt $|BC| = \sqrt{2} - 1$. Um den Punkt C wird ein Kreis mit Radius 1 konstruiert, der k in D trifft, so dass das Dreieck $\triangle MCD$ gleichseitig ist und der Winkel $\sphericalangle BCD$ als Nebenwinkel von $\sphericalangle MCD$ die Größe $\gamma = 120°$ hat. Dann gilt nach dem Kosinussatz

$$|BD|^2 = |CD|^2 + |BC|^2 - 2 \cdot |CD||BC| \cos \gamma = 1 + (\sqrt{2} - 1)^2 - 2(\sqrt{2} - 1) \cos 120°$$

$$= 1 + 2 - 2\sqrt{2} + 1 - 2(\sqrt{2} - 1)\left(-\frac{1}{2}\right) = 3 - \sqrt{2}.$$

Wir haben also eine Strecke $|BD|$ konstruiert, deren Länge $|BD| = \sqrt{3 - \sqrt{2}} = 1{,}25928...$ erst in der vierten Stelle nach dem Komma von dem gesuchten Wert $\sqrt[3]{2} = 1{,}259921...$ abweicht.

Schließlich fragen wir noch, ob man die Kantenlänge b eines n-dimensionalen „Würfels" W_b mit Zirkel und Lineal konstruieren kann, der das doppelte (n-dimensionale) Volumen hat wie ein gegebener Würfel W_a der Kantenlänge a. Für das Volumen eines n-dimensionalen Würfels W_a gilt $V_n(W_a) = a^n$. Dann handelt es sich bei der Dimension $n = 2$ um eine „Quadratverdoppelung", und die Strecke der Länge b mit $V_2(W_b) = 2 \cdot V_2(W_a) = 2a^2 = b^2$ lässt sich wegen $b = a \cdot \sqrt{2}$ nach unseren Kenntnissen der Streckenrechnung mit Zirkel und Lineal konstruieren. Der Leser erkennt leicht, dass die „Würfelverdoppelung" mit Zirkel und Lineal für alle Dimensionen $n = 2^k$ ($k \in \mathbb{N}$) möglich ist.

4.2 Würfelverdoppelung durch Zerlegungen

Die Frage nach einer Verdoppelung des Würfels kann natürlich auch „direkt" aufgefasst werden: Kann man aus einem Würfel zwei Würfel herstellen – mathematisch im

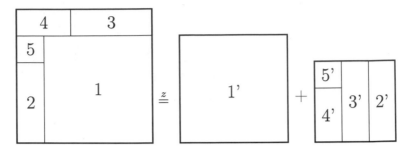

Abb. 4.3 Quadratpuzzle

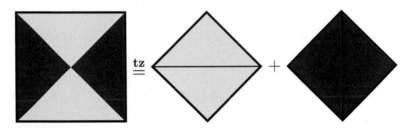

Abb. 4.4 Quadratverdoppelung

Sinne der Punktmengengeometrie. Zur Einstimmung beginnen wir mit dem einfachen Fall der Verdoppelung eines „zweidimensionalen" Würfels, also eines Quadrates. Wenn das im Sinne eines Puzzles mit lauter aus Quadraten zusammengesetzten Zerlegungsteilen geschehen soll, dann bieten sich die *Pythagoräischen Zahlentripel* (x, y, z) mit $x^2 + y^2 = z^2$ als Kantenlängen der beteiligten Quadrate an. Abb. 4.3 zeigt ein Beispiel mit dem kleinsten Tripel $(3, 4, 5)$ natürlicher Zahlen.

Bei Zulassung von nichtkonvexen Zerlegungsteilen sind solche Quadratzerlegungen mit weniger Teilen möglich. In dem schon erwähnten Buch (Frederickson 1997) finden sich dazu reizvolle Anregungen.

Wir geben mit Abb. 4.4 noch eine „Qudratverdoppelung" an, eine Zerlegung eines beliebigen Quadrates in nur vier Teile, aus denen zwei untereinander kongruente Quadrate zusammengesetzt werden können durch ausschließliche Nutzung von Translationen.

Die Bestimmung der Minimalzahl von konvexen oder beliebigen Zerlegungsteilen bei der „Verwandlung" eines vorgegebenen Quadrates in zwei oder mehr (kleinere) Quadrate durch Translationen, beliebige Bewegungen oder Ähnlichkeitsabbildungen liefert eine Fülle schöner Probleme auch für Schüler.

Nun aber zum Würfel! Der mathematisch interessierte Schüler hat sicher, wie auch viele mathematische Laien, schon einmal vom *Großen* oder *Letzten Satz von Fermat* gehört. Der französische Jurist und Mathematiker Pierre de Fermat hat um 1640 den Satz aufgestellt, dass es für natürliche Zahlen $n \geq 3$ keine ganzen Zahlen x, y, z gibt mit $x^n + y^n = z^n$. Er schreibt allerdings lediglich in ein Buch von Diophant seine berühmte Randnotiz: „Ich habe hierfür einen wahrhaft wunderbaren Beweis entdeckt, doch ist dieser Rand hier zu schmal, um ihn zu fassen." Diesen

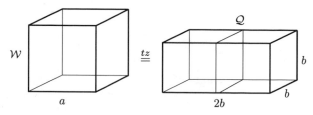

Abb. 4.5 Translative Würfelverdoppelung

Beweis suchen bis heute noch Hobby-Mathematiker. Die Fachwelt ist überzeugt, dass Fermat einen Beweis für beliebige $n > 4$ nicht haben konnte. Der Beweis des allgemeinen Satzes gelang erst am Ende des vorigen Jahrhunderts mit tiefliegenden Methoden der algebraischen Zahlentheorie.

Wenn ein Würfel der Kantenlänge z in zwei Würfel mit den Kantenlängen x und y zerlegt werden soll, muss aber offenbar die Gleichung $x^3 + y^3 = z^3$ bestehen. Das bedeutet, dass eine Würfelverdoppelung mit Zerlegungsteilen, die selbst aus Würfeln bestehen im Sinne unseres Quadratpuzzles *unmöglich* ist. In (Frederickson 1997) wird immerhin eine Zerlegung eines Würfels in zwei nicht kongruente Würfel beschrieben mit konvexen Polyederteilen, die aber natürlich nur eine Näherungslösung darstellen kann. Und doch ist eine Würfelverdoppelung im Sinne unserer obigen Quadratverdoppelung möglich. Zum Beweis spezialisieren wir den Satz V aus (Hadwiger 1957, S. 25), in Form von folgendem

Lemma 4.2.1 *Zwei Quader sind genau dann translativ zerlegungsgleich, wenn sie volumengleich sind.*

Betrachten wir nun einen Würfel $\mathcal{W}$ (Quader) der Kantenlänge a und einen Quader $\mathcal{Q}$ mit den Kantenlängen b, b, $2b$, die volumengleich sind $a^3 = b \cdot b \cdot 2b$, so müssen diese translativ zerlegungsgleich sein (Abb. 4.5). Wird der Quader $\mathcal{Q}$ durch eine Ebene parallel zu seinen quadratischen Seitenflächen zerlegt, so entstehen zwei kongruente Würfel, die mit dem Würfel $\mathcal{W}$ translativ zerlegungsgleich sind. Auf eine analytische Berechnung der erforderlichen Zerlegungsteile im Nachvollzug vom Beweis des zitierten Satzes von Hadwiger müssen wir hier aber verzichten.

4.3 Aus Eins mach Zwei

Das Problem der Würfelverdoppelung wird jetzt zu der Frage zugespitzt, ob ein Würfel $\mathcal{W}$ so in Teilmengen zerlegt werden kann, dass aus diesen Teilen *zwei* zu $\mathcal{W}$ kongruente (gleich große!) Würfel zusammengesetzt werden können. Die Frage klingt zunächst paradox, und eine Relation

$$\mathcal{W} \overset{z}{=} \mathcal{W}_1 + \mathcal{W}_2 \text{ mit } \mathcal{W}_1 \cong \mathcal{W}_2 \cong \mathcal{W}$$

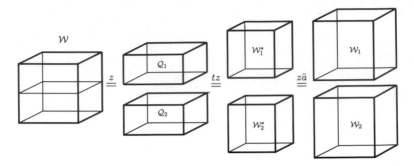

Abb. 4.6 Zerlegungsähnliche echte Würfelverdoppelung

kann mit konvexen Polyedern als Zerlegungsteilen natürlich nicht bestehen wegen der erforderlichen Volumengleichheit. Anders ist erwartungsgemäß die Situation, wenn Ähnlichkeitsabbildungen zugelassen werden. Wenn wir die Vervielfachung eines Polyeders $\mathcal{P}$ durch $n \circ \mathcal{P} := \mathcal{P}_1 + \mathcal{P}_2 + \ldots + \mathcal{P}_n$ mit $\mathcal{P}_i \cong \mathcal{P}$ bezeichnen, so gilt der folgende

Satz 4.3.1 *Jeder Würfel $\mathcal{W}$ ist zerlegungsähnlich zur Summe von zwei zu $\mathcal{W}$ kongruenten Würfeln:*

$$\boxed{\mathcal{W} \stackrel{z\ddot{a}}{\cong} 2 \circ \mathcal{W}}.$$

Beweis Der Würfel $\mathcal{W}$ wird durch eine Ebene durch den Mittelpunkt von $\mathcal{W}$ parallel zu einer Seitenfläche in zwei Quader $\mathcal{Q}_1$ und $\mathcal{Q}_2$ zerlegt

$$\mathcal{W} = \mathcal{Q}_1 + \mathcal{Q}_2.$$

Nach unserem Lemma 4.2.1 sind diese Quader $\mathcal{Q}_i$ translativ zerlegungsgleich mit Würfeln $\mathcal{W}_i^*$ ($i = 1, 2$), und diese können durch Ähnlichkeitsabbildungen mit dem Ähnlichkeitsfaktor $\lambda = \sqrt[3]{2}$ auf zu $\mathcal{W}$ kongruente (volumengleiche) Würfel $\mathcal{W}_i$ abgebildet werden (vgl. Abb. 4.6). $\qquad\qquad\square$

Um zwei weitere Möglichkeiten für eine solche paradoxe Würfelverdoppelung im strengen Sinne des Wortes herzuleiten, müssten wir den Rahmen der elementaren diskreten Geometrie verlassen. Deshalb sollen hier nur die Ergebnisse angegeben und erläutert werden. Dazu werden jetzt nicht mehr elementare sondern disjunkte Zerlegungen der beteiligten Punktmengen betrachtet. Für die erste Variante einer paradoxen Würfelverdoppelung wird die im Unendlichkeitsbegriff enthaltene „Paradoxie" ausgenutzt. Wenn eine „kleine" Menge quantitativ charakterisiert werden soll, so zählt man ihre Elemente – mathematisch gesehen gelangt man damit zu einer eineindeutigen Abbildung von der zu zählenden Menge auf einen „Anfangsabschnitt" der Menge der natürlichen Zahlen. Dieses Prinzip wird auf unendliche Mengen übertragen: Zwei Mengen $\mathcal{A}$ und $\mathcal{B}$ heißen *gleichmächtig*, wenn es eine eineindeutige Abbildung von $\mathcal{A}$ auf $\mathcal{B}$ gibt:

$$\mathcal{A} \sim \mathcal{B} \quad :\Longleftrightarrow \quad \exists \, \varphi \; (\varphi \text{ Bijektion von } \mathcal{A} \text{ auf } \mathcal{B}).$$

Damit lässt sich die Unendlichkeit einer Menge $\mathcal{M}$ definieren durch: $\mathcal{M}$ ist *unendlich*, wenn $\mathcal{M}$ eine *echte* Teilmenge $\mathcal{M}'$ enthält, die zu $\mathcal{M}$ gleichmächtig ist

$$\mathcal{M} \text{ unendlich} \quad :\Longleftrightarrow \quad \exists \, \mathcal{M}' \subset \mathcal{M} \; (\mathcal{M} \setminus \mathcal{M}' \neq \emptyset \; \wedge \; \mathcal{M}' \sim \mathcal{M}).$$

Das „Paradoxe" einer unendlichen Menge sei verdeutlicht an dem einfachen Beispiel der Menge $\mathbb{N}$ der natürlichen Zahlen. Betrachten wir die Menge $\mathbb{G}$ aller geraden natürlichen Zahlen, so ist die Abbildung f mit $f(x) := 2 \cdot x$ eine Bijektion von $\mathbb{N}$ auf $\mathbb{G}$ – die „Hälfte" $\mathbb{G}$ von $\mathbb{N}$ ist gleichmächtig zur ganzen Menge $\mathbb{N}$, also „genau so groß"! Als „geometrisches" Beispiel betrachte man die Bijektion $g(x) := \frac{1}{x}$ von der halboffenen *endlich langen* Strecke $(0, 1] := \{x \in \mathbb{R} : \; 0 < x \leq 1\}$ auf den *unendlich langen* Strahl $[1, \infty) := \{x \in \mathbb{R} : 1 \leq x < \infty\}$.

Eine Menge, die zur Menge $\mathbb{N}$ der natürlichen Zahlen gleichmächtig ist, heißt *abzählbar unendlich*. Nun erklären wir eine nicht elementare Zerlegungsgleichheit von Punktmengen durch folgende

Definition 4.3.1 *Zwei Punktmengen* $\mathcal{A}, \mathcal{B} \subseteq \mathbb{R}^n$ *heißen* **abzählbar translativ zerlegungsgleich,** *wenn sie sich disjunkt in abzählbar unendlich viele paarweise translationsgleiche Teilmengen zerlegen lassen*

$$\mathcal{A} \overset{\infty t}{\cong} \mathcal{B} :\Longleftrightarrow \quad \mathcal{A} = \bigcup_{i=1}^{\infty} \mathcal{A}_i \; \wedge \; \mathcal{B} = \bigcup_{i=1}^{\infty} \mathcal{B}_i \; \wedge \mathcal{A}_i \cap \mathcal{A}_k$$
$$= \mathcal{B}_i \cap \mathcal{B}_k = \emptyset \; (i \neq k) \; \wedge \; \mathcal{A}_i \overset{t}{\cong} \mathcal{B}_i \; (i = 1, 2, \ldots).$$

Damit gilt (vgl. Hadwiger 1957, S. 91) für jeden n-dimensionalen Würfel $\mathcal{W}$ die Würfelverdoppelung

$$\boxed{\mathcal{W} \overset{\infty t}{\cong} 2 \circ \mathcal{W}}.$$

Den Höhepunkt unserer Betrachtungen zur mengengeometrischen Würfelverdoppelung stellt ein Satz der polnischen Mathematiker Stefan Banach und Alfred Tarski dar. Zu seiner Formulierung erklären wir eine letzte nicht elementare (disjunkte) Zerlegungsgleichheitsrelation durch die folgende

Definition 4.3.2 *Zwei Punktmengen* $\mathcal{A}, \mathcal{B} \subseteq \mathbb{R}^n$ *heißen* **disjunkt zerlegungsgleich**, *wenn sie sich disjunkt in eine endliche Anzahl paarweise kongruenter Teilmengen zerlegen lassen*

$$\mathcal{A} \overset{dz}{\cong} \mathcal{B} \quad :\Longleftrightarrow \quad \mathcal{A} = \bigcup_{i=1}^{m} \mathcal{A}_i \wedge \mathcal{B} = \bigcup_{i=1}^{m} \mathcal{B}_i \; \wedge \; \mathcal{A}_i \cap \mathcal{A}_k$$
$$= \mathcal{B}_i \cap \mathcal{B}_k = \emptyset \, (i \neq k) \; \wedge \; \mathcal{A}_i \cong \mathcal{B}_i \, (i = 1, \ldots, m).$$

Auf der Grundlage eines Ergebnisses von Felix Hausdorff aus dem Jahre 1914 über die Zerlegbarkeit der Kugeloberfläche in 5 Teilmengen, von denen 2 und die restlichen 3 jeweils durch Zusammenfügen eine zur ursprünglichen kongruente Kugeloberfläche ergeben, bewiesen Banach und Tarski im Jahre 1924 den folgenden

Satz 4.3.2 (Banach-Tarski-Paradoxon) *„Eine Kugel kann in eine endliche Anzahl von Teilstücken zerlegt und in der Weise wieder zusammengesetzt werden, dass zwei Kugeln von gleicher Form und gleichem Volumen wie die ursprüngliche Kugel entstehen."*

Wir haben die Formulierung dieses Satzes aus dem Buch (Wapner 2008, S. 172) entnommen, welches dem Beweis dieses Satzes gewidmet ist in ausführlicher und sehr gut verständlicher Form mit vielen historischen und allen mathematischen Hintergründen und Erklärungen. Eine überraschende Konsequenz dieses Satzes ist die sich daraus ergebende

Folgerung. *Für zwei beliebige beschränkte Punktmengen $\mathcal{A}, \mathcal{B} \subseteq \mathbb{R}^3$ mit inneren Punkten gilt stets $\mathcal{A} \overset{dz}{=} \mathcal{B}$.*

Für unsere Zwecke ergibt sich damit natürlich die folgende Würfelverdoppelung

$$\boxed{\mathcal{W} \overset{dz}{=} 2 \circ \mathcal{W}}.$$

Über die für die Realisierung dieser Zerlegungsgleichheit erforderliche minimale Anzahl $\mu(\mathcal{W})$ von Zerlegungsteilen findet sich in (Richter 2001) die bemerkenswerte erste Abschätzung $4 \leq \mu(\mathcal{W}) \leq 13$. Für die Würfelverdoppelung im mengengeometrischen Sinn bleibt also das folgende Problem offen:

Problem 7 *Welches ist die minimale Anzahl $\mu(\mathcal{W})$ von erforderlichen Zerlegungsmengen eines Würfels $\mathcal{W}$, um aus diesen zwei zu $\mathcal{W}$ kongruente Würfel zusammensetzen zu können?*

Es soll abschließend bemerkt werden, dass für die Dimensionen $n < 3$ solche Zerlegungsparadoxien nicht existieren – warum? Die Antwort gibt unsere Definition der Geometrie, die besagt, dass die Geometrie bestimmt wird durch die ihr zugrunde liegende Transformationsgruppe, hier also durch die Gruppe $\mathbf{B_3}$ der Bewegungen (Kongruenztransformationen) des dreidimensionalen euklidischen Raumes $\mathbb{R}^3$. Diese besitzt nämlich eine *freie Untergruppe vom Rang 2* im Gegensatz zu $\mathbf{B_n}$ mit $n < 3$. Das ist kurz gesagt eine Gruppe, die von 2 „unabhängigen" Elementen erzeugt wird, in unserem Fall etwa eine Drehung um die z-Achse und eine Drehung um die x-Achse im kartesischen Koordinatensystem des $\mathbb{R}^3$ um jeweils einen Drehwinkel der Größe $\varphi = \arccos(\frac{1}{3})$. Und eine solche Gruppe besitzt in einem gewissen Sinn selbst eine paradoxe Zerlegung.

Schließlich muss eingestanden werden, dass die Erzeugung der Zerlegungsmengen, die Beweise für die letzten „echten" Würfelverdoppelungen, nicht konstruktiv sind, sie beruhen auf dem sogenannten *Auswahlaxiom,* welches besagt, dass zu jedem disjunkten Mengensystem **M** eine *Auswahlmenge A* existiert, die aus jeder Menge des Systems genau ein Element enthält:

$$\forall M \in \mathbf{M}\Big(M \neq \emptyset \implies \exists!!a(A \cap M = \{a\})\Big).$$

Das ist eine reine Existenzaussage, so dass man leider unsere Würfelverdoppelung materiell nicht ausführen kann. Wer also einen massiven goldenen Würfel verdoppeln will, der muss es schon mit dem Hexeneinmaleins aus Goethes Faust versuchen:

„Du musst verstehn
Aus Eins mach' [sogar] Zehn,
Und Zwei lass gehn,
Und Drei mach' gleich,
So bist Du reich...“

Literatur

Frederickson, G.N.: Dissections: Plane and Fancy. Cambridge University Press, Cambridge (1997)

Gruben, G.: Naxos und Delos. Studien zur archaischen Architektur der Kykladen. Jahrb. des Deut. Archäolog. Inst. **112**, 261–416 (1997)

Hadwiger, H.: Vorlesungen über Inhalt. Oberfläche und Isoperimetrie. Springer, Berlin (1957)

Richter, C.: Simple Paradoxical Replications of Sets. Discrete Comput. Geom. **25**, 65–83 (2001)

Schreiber, P.: Theorie der geometrischen Konstruktionen. Dt. Verlag d. Wiss, Berlin (1975)

Wapner, L.M.: Aus 1 mach 2 – Wie Mathematiker Kugeln verdoppeln. Spektrum – Springer-Verlag, Berlin (2008)

Dreiteilung des Winkels – Pflasterungen

5

5.1 Von Archimedes bis Gauß

Das letzte Problem, mit dem wir uns beschäftigen wollen und das im alten Griechenland nicht gelöst werden konnte, besteht in der Frage, ob man zu jedem beliebigen Winkel der Größe α mit Zirkel und Lineal einen Winkel der Größe $\frac{\alpha}{3}$ konstruieren kann. Auch dieses Problem der *Dreiteilung des Winkels* hat die Entwicklung der Geometrie über zwei Jahrtausende befruchtet, denn auch dieses Problem wurde erst im 19. Jahrhundert mit Mitteln der modernen Algebra gelöst. Wieder musste die Frage negativ beantwortet werden: Es gibt Winkel, die allein mit Zirkel und Lineal *nicht* gedrittelt werden können. Es reicht dazu die Angabe *eines* Beispiels, was wir hier leicht können mit Berufung auf die im Kap. 2 über die Konstruktion regulärer Polygone mit Zirkel und Lineal zitierten Ergebnisse von Gauß. Wir behaupten, dass der (mit Zirkel und Lineal konstruierbare) Winkel der Größe $\alpha = \frac{2\pi}{3} = 120°$ nicht mit Zirkel und Lineal gedrittelt werden kann. Wäre das nämlich der Fall, so könnte man einen Winkel der Größe $\beta = \frac{\alpha}{3} = 40°$ mit Zirkel und Lineal konstruieren. Das ist aber der Zentriwinkel des regulären 9-Ecks, das demnach mit Zirkel und Lineal konstruierbar wäre, was aber unmöglich ist nach Satz 2.2.2. Andererseits gibt es Winkel, die mit Zirkel und Lineal gedrittelt werden können. Wir beweisen dazu sogar den folgenden stärkeren

Satz 5.1.1. *Es gibt unendlich viele paarweise inkongruente mit Zirkel und Lineal konstruierbare Winkel, die auch mit Zirkel und Lineal dreiteilbar sind.*

Beweis. Wir identifizieren jetzt zur Vereinfachung die Größe und die Bezeichnung der Winkel und betrachten die Zentriwinkel $\alpha = \frac{2\pi}{2^k}$ aller regulären 2^k-Ecke ($k \in \mathbb{N}$, $k \geq 2$). Diese sind nach unserem Satz 2.2.2 über die Konstruierbarkeit regulärer Polygone mit Zirkel und Lineal konstruierbar. Die natürlichen Zahlen $m := 2^k$ und

E. Hertel, *Altes und Neues aus der Geometrie*, https://doi.org/10.1007/978-3-662-64611-3_5

3 sind teilerfremd, ihr größter gemeinsamer Teiler ist $d = 1$. Nach dem schon früher benutzten Hilfssatz 2.2.1 aus der elementaren Zahlentheorie existieren dann ganze Zahlen $a, b \in \mathbb{Z}$ mit

$$a \cdot m + b \cdot 3 = 1.$$

Daraus folgt

$$a \cdot m \cdot \frac{2\pi}{3m} + b \cdot 3 \cdot \frac{2\pi}{3m} = \frac{2\pi}{3m} \text{ bzw. } \frac{2\pi}{3} \cdot a + \alpha \cdot b = \frac{\alpha}{3}.$$

Man muss also zum a-fachen des Winkels $\frac{2\pi}{3} = 120°$, dem Zentriwinkel des regulären Dreiecks, das b-fache des Winkels α addieren, um auf $\frac{\alpha}{3}$ zu kommen, was mit Zirkel und Lineal leicht ausführbar ist.   □

Wir geben ein einfaches Beispiel mit dem Zentriwinkel $\alpha_8 = \frac{2\pi}{8} = 45°$ des regulären Achtecks. Dann können ganze Zahlen a und b aus $8a + 3b = 1$ bestimmt werden, z. B. $a = 2$ und $b = -5$, so dass gilt

$$2 \cdot \frac{2\pi}{3} - 5 \cdot \alpha_8 = \frac{\alpha_8}{3}.$$

Subtrahiert man vom Winkel der Größe $240°$ das 5-fache von α_8, also $225°$, so erhält man den Winkel $\frac{\alpha_8}{3} = 15°$.

Es gibt also unendlich viele Winkel, die mit Zirkel und Lineal gedrittelt werden können. Andererseits gibt es aber auch *unendlich* viele Winkel, die *nicht* mit Zirkel und Lineal gedrittelt werden können, z. B. alle Winkel der Größe $\alpha = \frac{2\pi}{m}$ mit natürlichen Zahlen $m > 2$, die durch 3 teilbar sind, was sich mit ähnlicher Methode beweisen lässt, worauf wir hier verzichten wollen. Als Beispiel sei an den eingangs schon erwähnten Winkel der Größe $\alpha = \frac{2\pi}{3}$ erinnert.

Schließlich erwähnen wir als schulmäßiges Hilfsmittel zum elementaren Auffinden von mit Zirkel und Lineal drittelbaren Winkeln den folgenden

Hilfssatz 5.1.1. *Wenn ein Winkel α mit Zirkel und Lineal gedrittelt werden kann, so auch Winkel der Größe $\frac{\alpha}{2}$.*

Der Beweis ist eine leichte Übung, die wir dem Leser überlassen.

Wie beim Problem der Kreisquadratur hat man im Altertum auch für die Winkeldreiteilung Lösungen mit erweiterten Hilfsmitteln versucht. Ein typisches Beispiel dafür ist das sogenannte *Einschiebelineal* – ein Lineal, auf dem zwei Markierungen möglich sind in gewünschtem Abstand. Mit dem hat schon Archimedes die Winkeldreiteilung vollzogen. Wir beschreiben hier die Methode für einen spitzen Winkel $\sphericalangle ASB$ der Größe α (s. Abb. 5.1). Um den Scheitel S des Winkels α wird ein Halbkreis k mit beliebigem Radius $r = |SA| = |SB|$ konstruiert. Auf dem Einschiebelineal l (oder auch einem Papierstreifen) werden zwei Punkte C und D markiert mit dem Abstand $|CD| = r$ Nun wird das Lineal l so in B angelegt („eingeschoben"), dass $D \in k$ und $C \in AS^+$ gilt. Dann sind die Dreiecke $\triangle CDS$ und $\triangle BSD$

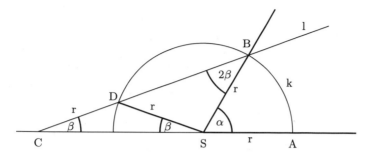

Abb. 5.1 Winkeldreiteilung nach Archimedes

gleichschenklig: $|DC| = |DS| = |BS| = r$. Hat der Winkel $\sphericalangle ACB$ die Größe β, so auch der Winkel $\sphericalangle CSD$. Nach dem Außenwinkelsatz hat dann der Winkel $\sphericalangle SDB$ die Größe 2β und damit auch der Winkel $\sphericalangle SBC$. Dann ist unser Ausgangswinkel $\sphericalangle ASB$ der Größe α Außenwinkel im Dreieck $\triangle CSB$, so dass jetzt nach dem Außenwinkelsatz gelten muss $\alpha = \beta + 2\beta = 3\beta$ oder $\beta = \frac{1}{3} \cdot \alpha$, was wir erreichen wollten.

Über einhundert Jahre vor Archimedes hat Hippias ein anderes zusätzliches Hilfsmittel neben Zirkel und Lineal zur Winkeldreiteilung benutzt nämlich eine spezielle Kurve. Die heute *Quadratrix* genannte Kurve wurde von ihm wohl für die exakte Winkeldreiteilung erfunden. Es handelt sich um die erste kinematisch erzeugte Kurve, die wie folgt definiert ist (s. Abb. 5.2): Der Punkt F bewegt sich mit konstanter (Winkel-) Geschwindigkeit auf dem Viertelkreisbogen in dem Quadrat $ABCD$ von D nach B. Gleichzeitig bewegt sich auch der Punkt H mit dieser konstanten Geschwindigkeit auf der Quadratseite von D nach A. Dann ist die Quadratrix die Ortskurve der Schnittpunkte G der Strecke AF mit der jeweiligen Parallelen zu AB durch den Punkt H.

Am elegantesten lässt sich diese Kurve analytisch in der Parameterform

$$x(t) = \frac{2}{\pi} \cot(t)$$
$$y(t) = \frac{2}{\pi} t$$

mit $0 < t \leq \frac{\pi}{2}$ beschreiben, wenn A der Ursprung eines kartesischen Koordinatensystems ist mit $B = (1, 0)$ und $D = (0, 1)$. Die exakte Dreiteilung eines Winkels $\alpha = \sphericalangle BAF$ ist dann bei Kenntnis der Quadratrix möglich, indem die Parallele zu AB durch den Schnittpunkt G des Schenkels AF von α mit der Quadratrix mit der Quadratseite AD in H zum Schnitt gebracht wird. Die Dreiteilung der Strecke AH liefert den Punkt K auf AD mit $|AK| = \frac{1}{3}|AH|$. Dann schneidet die Parallele zu AB durch K die Quadratrix in einem Punkt L und es gilt $\beta := \sphericalangle BAL = \frac{\alpha}{3}$.

Natürlich gab und gibt es Versuche, Methoden zu finden mit denen man die Winkeldreiteilung mit Zirkel und Lineal wenigstens näherungsweise ausführen kann. Eine der genauesten Näherungslösungen hat bereits Albrecht Dürer in seinem berühmten Buch *Underweysung der Messung mit dem Zirckel und Richtscheyt*,

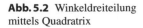

Abb. 5.2 Winkeldreiteilung
mittels Quadratrix

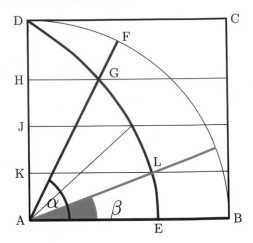

in Linien, Ebenen und gantzen corporen im Jahre 1525 veröffentlicht, die wir hier
in modernen Bezeichnungen wiedergeben (vgl. Abb. 5.3).

Um den Scheitel S des zu teilenden Winkels $\sphericalangle ASB$ wird ein Kreis k konstruiert,
den die Schenkel des Winkels in A und B schneiden. Es ist dann der Bogen $\widehat{AB}$
zu dritteln. Dazu wird zunächst die Sehne AB durch die Punkte C_1 und D_1 in drei
kongruente Strecken zerlegt. In diesen Teilpunkten werden die Lote zu AB errichtet,
die den Bogen $\widehat{AB}$ in den Punkten E und F schneiden. Um A und B werden Kreise
mit den Radien $\frac{1}{3}|AB| = |AC_1|$ bzw. $|BD_1|$ konstruiert, die den Bogen $\widehat{AB}$ in E_1
bzw. F_1 treffen, so dass $|AE_1| = |EF| = |BF_1|$ gilt. Dann werden die Sehnen AE
bzw. BF auf AB abgetragen mit $|AE| = |AC_2| = |BD_2| = |BF|$. Nun wird die
Strecke C_1C_2 gedrittelt, so dass $|C_1C_3| = 2 \cdot |C_3C_2|$ gilt und die Länge $|AC_3|$ auf
den Bogen $\widehat{AB}$ übertragen mit $|AC_3| = |AE_2|$. Dann ist $|\sphericalangle ASE_2| \approx \frac{1}{3} \cdot |\sphericalangle ASB|$.
Entsprechendes gilt für den Winkel $\sphericalangle BSF_2$.

Bemerkenswert ist die hohe Genauigkeit dieser Konstruktion. Selbst bei der Dreiteilung des „großen" Winkels von $120°$ beträgt der Fehler nur $0{,}03°$.

Es ist eine schöne Aufgabe für Schüler, (kleine) Winkel zu finden, die mit Zirkel
und Lineal gedrittelt werden können. Warum kann z. B. ein Winkel der Größe $4{,}5°$
mit Zirkel und Lineal gedrittelt werden?

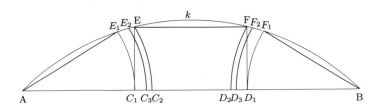

Abb. 5.3 Dürers Winkeldreiteilung

5.2 Punktmengengeometrische Winkeldreiteilung

Wenn wir die Frage nach der Dreiteilung des Winkels in die Sprache der Punkt-mengengeometrie übertragen wollen, müssen wir „Winkel" durch eine Punktmenge beschreiben. Das kommt in Schulbüchern gelegentlich vor, indem unter einem Win-kel der Durchschnitt von zwei Halbebenen verstanden wird, deren Randgeraden sich im Scheitelpunkt S des Winkels schneiden. Dann ist ein Winkel eine unbeschränkte Teilmenge der euklidischen Ebene, die also in drei kongruente Teilmengen *zerlegt* werden soll. Das ist in der Tat ganz einfach möglich. Wir erinnern dazu an unsere zwei Zerlegungsbegriffe aus 3.2 und verschärfen diese durch die folgende

Definition 5.2.1. *Eine Menge* $\mathcal{M} \subseteq \mathbb{R}^n$ *heißt elementar bzw. disjunkt **m-teilbar**, wenn* $\mathcal{M}$ *in* $m \geq 2$ *paarweise kongruente Teilmengen elementar bzw. disjunkt zerlegt werden kann:*

$$\mathcal{M} = \bigcup_{i=1}^{m} \mathcal{M}_i \;\wedge\; int(\mathcal{M}_i \cap \mathcal{M}_k) = \emptyset \,(1 \leq i < k \leq m) \;\wedge\; \mathcal{M}_i \cong \mathcal{M}_1 (i = 1, \ldots, m)$$

bzw.

$$\mathcal{M} = \bigcup_{i=1}^{m} \mathcal{M}_i \;\wedge\; \mathcal{M}_i \cap \mathcal{M}_k = \emptyset \,(1 \leq i < k \leq m) \;\wedge\; \mathcal{M}_i \cong \mathcal{M}_1 (i = 1, \ldots, m).$$

Das System $\{\mathcal{M}_1, \ldots, \mathcal{M}_m\}$ *der Teilmengen von* $\mathcal{M}$ *heißt dann auch eine (elementare bzw. disjunkte)* **Pflasterung** *von* $\mathcal{M}$.

Ist nun in der euklidischen Ebene $\mathbb{R}^2$ ein „Flächenwinkel" **W** im obigen Sinne mit den Schenkeln SA^+ und SB^+ gegeben, so wird die Strecke SA auf SA^+ kongruent abgetragen: $|SA| = |A_i A_{i+1}|$ $(i = 0, 1, 2, \ldots)$ mit $A_0 := S$ und $A_1 := A$. Durch die Teilpunkte A_i werden zu SB^+ parallele Strahlen gelegt, so dass die „Streifen"

$$\mathcal{S}_i := \{x \in \mathbb{R}^2 : \; x \in \tau_\lambda(A_{i-1}A_i) \;\wedge\; \lambda \in \mathbb{R} \;\wedge\; \lambda \geq 0\} \quad (i \in \mathbb{N}^*)$$

entstehen, wobei die Translationen τ_λ definiert sind durch $\tau_\lambda(x) := x + \lambda \cdot \overrightarrow{SB}$. In der Abb. 5.4 sind die Streifen $\mathcal{S}_i$ mit $i = 1 + 3k$ $(k \in \mathbb{N})$ dunkel, mit $i = 2 + 3k$ $(k \in \mathbb{N})$ heller und mit $i = 3k$ $(k \in \mathbb{N}^*)$ weiß gekennzeichnet. Dann ist der Winkel **W** offenbar durch die Mengen

$$\mathbf{W}_1 := \bigcup_{k=0}^{\infty} \mathcal{S}_{1+3k}, \quad \mathbf{W}_2 := \bigcup_{k=0}^{\infty} \mathcal{S}_{2+3k} \;\text{ und }\; \mathbf{W}_3 := \bigcup_{k=0}^{\infty} \mathcal{S}_{3+3k}$$

3-geteilt. Der Leser überlege sich, dass mit dieser Konstruktionsidee sowohl eine elementare als auch eine disjunkte Dreiteilung von **W** erreichbar ist.

Der Nachteil dieser Interpretation des Winkelbegriffs und seiner Dreiteilung besteht natürlich darin, dass **W** eine unbeschränkte Menge ist und die Teile $\mathbf{W}_i$ aus unendlich vielen Teilmengen bestehen, was alles nicht so recht in unsere Intension von *elementarer* diskreter Geometrie passt. Deshalb werden zwei weitere Varianten für einen mengengeometrischen Winkelbegriff betrachtet. Zunächst soll unter

Abb. 5.4 Dreiteilung eines
„Flächenwinkels"

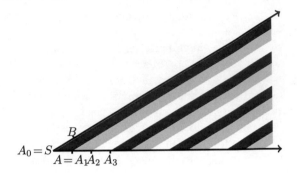

einem Winkel ein abgeschlossenes Bogenstück des Einheitskreises verstanden werden. Dann ist unsere Winkelpunktmenge „eindimensional". Wir fragen deshalb nach
dem einfachsten Fall einer (ab jetzt aber immer) *disjunkten m*-Teilung einer Strecke, wofür wir das abgeschlossene Intervall $[0, 1]$ in $\mathbb{R} = \mathbb{R}^1$ wählen. Für $m = 2$
beantwortet diese Frage der folgende

Hilfssatz 5.2.1. *Das Intervall* $[0, 1] \subseteq \mathbb{R}$ *ist* **nicht** *2-teilbar.*

Beweis. Wir nehmen indirekt an, dass $\mathcal{I} = [0, 1] = \mathcal{A} \cup \mathcal{B}$ gilt mit $\mathcal{A} \cap \mathcal{B} = \emptyset$ und
eine Bewegung $\alpha \in \mathbf{B_1}$ existiert mit $\alpha(\mathcal{A}) = \mathcal{B}$. Für eine Bewegung in $\mathbb{R}^1$ gibt es
aber nur zwei Möglichkeiten:

1. *Fall:* α ist eine Spiegelung mit $\alpha(x) = -x + 2a$ mit dem Fixpunkt a. Dann
   muss wegen $\alpha(\mathcal{A}) \subseteq \mathcal{I}$ gelten $a > 0$. Nehmen wir ohne Beschränkung der
   Allgemeinheit $0 \in \mathcal{A}$ an, dann ist $\alpha(0) = 2a \le 1$ und es gilt insgesamt für den
   Fixpunkt $0 < a \le \frac{1}{2}$, was wegen $\mathcal{A} \cap \mathcal{B} = \emptyset$ unmöglich ist.
2. *Fall:* α ist eine Translation mit $\alpha(x) = x + b$. Nehmen wir wieder $0 \in \mathcal{A}$ an,
   so folgt leicht $0 < b < 1/2$ und $1 \in \mathcal{B}$. Dann muss $[0, b) \subseteq \mathcal{A}$ gelten, da aus
   $x \in [0, b)$ und $x \in \mathcal{B}$ mit $\alpha^{-1}(x) = x - b$ folgen würde, dass das Urbild $x - b$ von
   $x \in \mathcal{B}$ nicht in $[0, 1]$ liegt. Analog ergibt sich $(1 - b, 1] \subseteq \mathcal{B}$. Es zeigt sich, dass
   $\mathcal{A}$ aus einer Menge rechts offener und $\mathcal{B}$ aus links offenen halboffenen Intervallen
   besteht, die sich entweder in $x = \frac{1}{2}$ treffen mit $(x = \frac{1}{2} \notin \mathcal{A} \cup \mathcal{B} = [0, 1])$ oder
   sich überschneiden müssen, was beides nicht möglich ist. $\square$

Diese Aussage gilt sogar wesentlich allgemeiner: Kein abgeschlossenes (und auch
kein offenes) Intervall kann disjunkt in $m \ge 2$ paarweise kongruente Teilmengen
zerlegt werden (vgl. Hertel 1986). Wohl aber ist ein halboffenes Intervall disjunkt
m-teilbar für alle $m \ge 2$. Z. B. gilt

$$[0, 3) = [0, 1) \cup [1, 2) \cup [2, 3) \quad \text{mit} \quad [i, i + 1) \cap [k, k + 1) = \emptyset \text{ für } (i \ne k)$$

und $[i, i + 1) \cong [0, 1)$ für $i = 0, 1, 2$.

   Wäre nun unser „Bogenwinkel" 3-teilbar, so ließe sich das auf eine abgeschlossene Strecke, ein Intervall, übertragen, was nach unserem verschärften Hilfssatz nicht

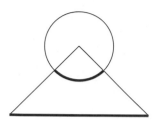

Abb. 5.5 Winkeldreiteilung nein und ja

möglich ist – außer im Fall des „Vollwinkels", d. h. die Einheitskreislinie kann disjunkt in drei paarweise kongruente (halboffene) Kreisbögen zerlegt werden, was in der Abb. 5.5 angedeutet ist.

Es gibt also nur genau einen „Bogenwinkel" der gedrittelt werden kann. Deshalb ein letzter sinnvoller mengengeometrischer Winkelbegriff: Wir identifizieren „Winkel" mit Einheitskreissektor (Kreisausschnitt). Ein solcher *Sektorwinkel* ist eine kompakte Teilmenge der euklidischen Ebene. Wir beweisen, dass der Vollwinkel in diesem Sinne, also die Einheitskreisfläche, nicht einmal halbiert werden kann mit folgendem

Satz 5.2.1. *Die Kreisfläche kann nicht in strengem Sinne halbiert werden – sie ist nicht disjunkt 2-teilbar.*

Beweis. Wir nehmen indirekt an, dass die zweidimensionale Kugel $\mathcal{K} = \mathcal{K}_1^2$, also die Einheitskreisfläche, in zwei disjunkte kongruente Teilmengen zerlegbar ist: $\mathcal{K} = \mathcal{A} \cup \mathcal{B}$ mit $\mathcal{A} \cap \mathcal{B} = \emptyset$ und $\mathcal{A} \cong \mathcal{B}$. Die Kongruenz der Teilmengen bedeutet, dass es eine Bewegung $\alpha \in \mathbf{B}_2$ gibt mit $\alpha(\mathcal{A}) = \mathcal{B}$. Für diese Bewegung gibt es die folgenden Möglichkeiten:

1. α ist eine Translation. Dann betrachten wir den Berührungspunkt P einer Tangente an $\mathcal{K}$ parallel zur Translationsrichtung, so dass $\alpha(P) \notin \mathcal{K}$ und $\alpha^{-1}(P) \notin \mathcal{K}$ gilt, was unmöglich ist.
2. α ist eine Drehung mit dem Drehzentrum Z, der als Fixpunkt der Abbildung natürlich nicht in $\mathcal{K}$ liegen kann. Die Verbindungsgerade von Z mit dem Mittelpunkt von $\mathcal{K}$ schneidet den Rand des Kreises in zwei Punkten P_1, P_2. Für diese gilt $\alpha(P_i), \alpha^{-1}(P_i) \notin \mathcal{K}$, was wieder nicht möglich ist.
3. α ist eine Spiegelung an einer Geraden a. Diese kann als Fixpunktgerade keinen Punkt mit $\mathcal{K}$ gemeinsam haben. Dann gilt aber $\alpha(\mathcal{K}) \cap \mathcal{K} = \emptyset$, was abermals ein Widerspruch ist.
4. Schließlich könnte α eine Gleitspiegelung sein. Die dazu gehörige Spiegelgerade a ist eine Fixgerade (keine Fixpunktgerade!), deren Durchschnitt $a \cap \mathcal{K} = AB$ eine Strecke sein muss. Diese würde durch die Wirkung von α disjunkt 2-geteilt im Widerspruch zu unserem Hilfssatz 5.2.1.

□

Abb. 5.6 Tortenteilung elementar und disjunkt

Dieser Satz gilt sogar noch wesentlich allgemeiner für alle Dimensionen: Kein konvexer n-dimensionaler Körper ist (disjunkt) m-teilbar mit $m = 2$ (vgl. Hertel 1986). Unter einem *konvexen Körper* verstehen wir eine kompakte konvexe Menge. Sie wird also durch die drei Eigenschaften *beschränkt, abgeschlossen* und *konvex* gekennzeichnet. Wird auf nur eine dieser Eigenschaften verzichtet, so verliert der Satz seine Gültigkeit. Für eine unbeschränkte aber abgeschlossene und konvexe Menge zeigt das unsere Dreiteilung des Flächenwinkels, die natürlich auch für eine 2-Teilung gültig bleibt. Für eine nicht abgeschlossene aber beschränkte und konvexe Menge zeigt das unser halboffenes Intervall [0, 3) von oben. Für eine kompakte aber nicht konvexe Menge im $\mathbb{R}^2$ betrachten wir folgendes Beispiel. Dem offensichtlich geometrisch interessierten Leser kann es passieren, dass er auf einer Geburtstagsparty aufgefordert wird, die Geburtstagstorte gerecht in m Teile, also paarweise kongruente, zu zerlegen wenn m die Anzahl der Gäste ist. Er wird die senkrechte Parallelprojektion der Torte in die Ebene, also eine Kreisfläche, betrachten und nach unserem bewiesenen Satz, dass die Torte nicht einmal halbiert werden kann, vermuten, dass auch eine „gerechte" nämlich disjunkte m-Teilung auch für $m > 2$ nicht möglich ist und deshalb das Tortenmesser zurückgeben. Die Folge wäre die übliche Verunglimpfung unseres Lesers als „weltfremder Mathematiker". Eine Möglichkeit, dem zu entgehen besteht darin, aus der Tortenmitte den kreisrunden Teil mit der besonderen Verzierung, einer Praline oder der Zahl der Jahre, die gefeiert werden, herauszuschneiden und dem Geburtstagskind zu überreichen. Dann ist der Rest *nicht konvex*. Der in der Projektion entstandene Kreisring lässt sich jetzt in beliebig viele paarweise kongruente Teilmengen disjunkt zerlegen also auch der Tortenrest (Abb. 5.6). Natürlich wird ein Nichtmathematiker (ohne Diskussion über die beim Schneiden entstehenden Krümel) eine Torte in gleiche Tortenstücke zerlegen – aber eben *elementar* und nicht gerecht, nämlich disjunkt!

Die Frage nach der m-Teilbarkeit von Mengen in endlichen und unendlich dimensionalen Räumen wurde in den letzten Jahren intensiv bearbeitet. So konnte S. Wagon (1983) beweisen, dass die n-dimensionale Kugel $\mathcal{K}^n$ nicht (disjunkt) m-teilbar ist für $2 \leq m \leq n$. Ein jüngeres Ergebnis von G. Kiss und M. Laczkovich (2010) besagt, dass für Dimensionen $n \geq 3$ stets konvexe Körper existieren, die m-teilbar sind mit $m \geq 22$. Dabei sind die Zerlegungsmengen im Allgemeinen selbst keine konvexen Körper. Offen bleibt aber unser „Tortenproblem" nämlich die Frage nach der m-Teilbarkeit der Kreisfläche. Wir formulieren diese Frage in einer für Schüler leicht verständlichen und mit Schulmitteln durchaus behandelbaren Form als

Problem 8. *Kann die Einheitskreisfläche in 3 (beliebige) paarweise kongruente Teilmengen disjunkt zerlegt werden?*

5.3   Elementare Pflasterungen

Wir verlassen jetzt das Gebiet der disjunkten Zerlegungen von Punktmengen mit seinen überraschenden Phänomenen und betrachten nur noch elementare Zerlegungen (vgl. Definition 3.2.1) einer speziellen Art, die wir durch Modifikation des mit Definition 5.2.1 eingeführten Pflasterungsbegriffs einführen mit folgender

Definition 5.3.1. *a) Das Punktmengensystem* **M** *heißt* **Pflasterung** *der Teilmenge* $\mathcal{R} \subseteq \mathbb{R}^n$ *des n-dimensionalen euklidischen Raumes, wenn* **M** *eine diskrete elementare Zerlegung von* $\mathcal{R}$ *ist und die Elemente aus* **M** *abgeschlossene Mengen sind.*
b) Ist $G < \mathbf{S}_{\mathbb{R}^n}$ *eine Transformationsgruppe des* $\mathbb{R}^n$, *so heißt* **M** *eine* **G-Pflasterung**, *falls die Zerlegungsteile aus* **M** *paarweise G-gleich sind:*

$$\forall \mathcal{M}, \mathcal{M}' \in \mathbf{M} \; \exists \alpha \in G\Big(\alpha(\mathcal{M}) = \mathcal{M}'\Big).$$

c) Wir nennen die Pflasterung ab jetzt **elementar,** *wenn die Zerlegungsteile aus* **M** *kompakt und konvex sind.*

Eine erste einfache Eigenschaft der im Folgenden ausschließlich betrachteten elementaren Pflasterungen liefert der folgende

Hilfssatz 5.3.1. *Die Zerlegungsteile einer elementaren Pflasterung eines konvexen Polygons sind selbst konvexe Polygone.*

Beweis. Angenommen ein kompaktes und konvexes Zerlegungsteil $\mathcal{M}$ der elementaren Pflasterung eines Polygons $\mathcal{P}$ besitzt ein nicht aus Strecken bestehendes gekrümmtes Randstück k. Dieses kann nicht auf dem Rand von $\mathcal{P}$ liegen. Im Inneren von $\mathcal{P}$ muss demnach ein Zerlegungsteil $\mathcal{M}'$ existieren, dessen Rand auf k fällt, was aber wegen der Konvexität von $\mathcal{M}$ und $\mathcal{M}'$ unmöglich ist.   □

Die Abb. 5.7 zeigt zwei Beispiele für mögliche „Ausfüllung" der euklidischen Ebene, die *keine* elementaren Pflasterungen sind: Bei a) ist **M** nicht diskret, bei b) sind die Zerlegungsteile nicht konvex.

Solche unendliche Pflasterungen der euklidischen Ebene, die im Zusammenhang mit den in 2.3 erwähnten Wandmuster- bzw. Ornamentgruppen stehen, werden umfassend behandelt in dem Standardwerk von Grünbaum und Shephard (1987). Wir werden im Weiteren nur noch Pflasterungen betrachten, deren Zerlegungsteile

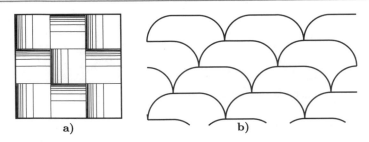

a)   b)

Abb. 5.7 Nichtelementare Pflasterungen

(„Pflastersteine") konvexe Polygone sind, die wir ab jetzt n-Ecke nennen, obwohl wir im Gegensatz zu früher jetzt immer die Polygonfläche meinen.

Außerdem betrachten wir nur *endliche* Polygonpflasterungen, weil diese in vielen praktischen Anwendungen auftreten und weil sie in der Mittelstufe der Schule ein schöner Gegenstand des Geometrieunterrichts sein können. Einzige Ausnahme sind die klassischen regulären elementaren Pflasterungen der Ebene, die wir einführen mit der folgenden

Definition 5.3.2. *Eine **reguläre elementare Pflasterung** $\{p, q\}$ der Ebene besteht ausschließlich aus regulären p-Ecken, in deren Eckpunkten sich jeweils genau q davon treffen.*

Der Leser beachte, dass das Traditionssymbol $\{p, q\}$ für reguläre Polygonpflasterungen hier stets ein *geordnetes* Paar natürlicher Zahlen $p, q \geq 3$ bedeutet! Für welche natürlichen Zahlen p, q existiert eine solche reguläre Pflasterung der Ebene? Wir hatten für die Innenwinkelgröße α eines regulären p-Ecks bereits in 2.2 den Wert $\alpha = \frac{p-2}{p} \cdot 180°$ hergeleitet. Für die Summe der Innenwinkel der q regulären p-Ecke, die sich in einem gemeinsamen Eckpunkt treffen, muss demnach gelten: $q \cdot \frac{p-2}{p} \cdot 180° = 360°$. Daraus folgt

$$(1) \quad \boxed{q(p - 2) = 2p},$$

und es muss natürlich

$$(2) \quad p, q \geq 3$$

gelten. Um unsere Ausgangsfrage zu beantworten, müssen wir also die „diophantische Gleichung" (1) in natürlichen Zahlen p, q lösen mit der Bedingung (2). Dazu gehen wir schrittweise vor:

1. Fall. $q > 6 \implies 6(p-2) < 2p \implies 4p < 12 \implies p < 3$ im Widerspruch zu (2).

2. Fall. $q = 6 \implies 4p = 12 \implies p = 3$, d. h. (3, 6) ist eine Lösung von (1).

3. Fall. $q = 5$ $\implies$ $3p = 10$. Das ist aber für keine natürliche Zahl p möglich!
4. Fall. $q = 4$ $\implies$ $2p = 8$ $\implies$ $p = 4$, d. h. $(4, 4)$ ist eine Lösung von (1).
5. Fall. $q = 3$ $\implies$ $p = 6$, d. h. $(6, 3)$ ist eine Lösung von (1).

Damit sind alle Lösungen gefunden. Dass zu jeder dieser drei Lösungen auch tatsächlich eine reguläre Pflasterung existiert, zeigt die Abb. 5.8. Dieses schöne elementare Ergebnis formulieren wir in folgendem

Satz 5.3.1. *Es gibt für die euklidische Ebene genau die drei regulären elementaren Pflasterungen* $\{3, 6\}$, $\{4, 4\}$ *und* $\{6, 3\}$.

Es gehört zu den „schönen" Erkenntnissen der Geometrie, dass es zu *jedem* Paar (p, q) natürlicher Zahlen $p, q \geq 3$ eine ebene reguläre Pflasterung gibt. Allerdings müssen wir dazu die klassischen nichteuklidischen Geometrien mit einbeziehen. Auf die Theorie derselben können wir hier nicht eingehen. Wir erwähnen nur die Grundidee und ein zugehöriges einfaches Modell. Wir hatten in 1.2 bereits eine „nichteuklidische" Ebene kennengelernt, nämlich die projektive Ebene. Das Nichteuklidische war dabei, dass in dieser Ebene keine parallelen Geraden existieren. Das ist auch eine entscheidende Eigenschaft der sogenannten *elliptischen Geometrie*. Ein einfaches und anschauliches Modell für die elliptische Ebene ist die Oberfläche (Sphäre) der Einheitskugel. Den Geraden der elliptischen Ebene entsprechen die *Großkreise* auf der Sphäre also die Schnittlinien zwischen Ebenen durch den Kugelmittelpunkt mit der Sphäre. Dem Winkel zwischen elliptischen Geraden entspricht der Winkel zwischen den Tangenten an die Großkreise in ihrem Schnittpunkt. Dann ergibt sich insbesondere, dass die Summe $\alpha + \beta + \gamma$ der Innenwinkel in elliptischen Dreiecken stets *größer* als π ist:

$$\text{(Ell)} \quad \alpha + \beta + \gamma > \pi.$$

Ersetzt man das euklidische (bei uns das affine) Parallelenaxiom durch sein Gegenteil (zu jeder Geraden g gibt es durch einen Punkt $P \notin g$ mindestens zwei verschiedene Geraden, die g nicht schneiden), so ergibt sich die sogenannte (ebene) *hyperbolische Geometrie*. Für die hyperbolische Ebene gibt es ein anschauliches auf Felix Klein und Henri Poincaré zurückgehendes Modell: Den Punkten der hyperbolischen Ebene entsprechen die *inneren* Punkte des euklidischen Einheitskreises $\mathcal{K} := \mathcal{K}_1^2(0)$, den Geraden die Durchmesser von $\mathcal{K}$ ohne ihre Endpunkte und die Kreisbögen in $\mathcal{K}$, die den Rand von $\mathcal{K}$ senkrecht schneiden. Eine Konsequenz für die Innenwinkelsumme in jedem hyperbolischen Dreieck ist dann

$$\text{(Hyp)} \quad \alpha + \beta + \gamma < \pi.$$

Aus der Schulgeometrie ist für die Innenwinkelsumme in jedem euklidischen Dreieck bekannt

$$\text{(Euk)} \quad \alpha + \beta + \gamma = \pi.$$

Angenommen wir haben eine reguläre Polygonpflasterung $\{p, q\}$ der euklidischen, elliptischen oder hyperbolischen Ebene. Dann fällen wir das Lot vom Symmetriezentrum Z eines regulären p-Ecks $\mathcal{P}$ auf eine Seite $A_i A_{i+1}$ von $\mathcal{P}$ mit dem Lotfußpunkt F. Dann ist $\triangle A_i F Z$ ein rechtwinkliges Dreieck mit den Innenwinkelgrößen $\alpha = |\sphericalangle Z A_i F| = \frac{1}{2} \cdot \frac{2\pi}{q} = \frac{\pi}{q}$, $\beta = |\sphericalangle A_i Z F| = \frac{1}{2} \cdot \frac{2\pi}{p} = \frac{\pi}{p}$ und $\gamma = |\sphericalangle A_i F Z| = \frac{\pi}{2}$. Folglich gilt

$$
\alpha + \beta + \gamma = \frac{\pi}{q} + \frac{\pi}{p} + \frac{\pi}{2} \quad
\begin{cases}
> \pi & \text{für} \quad \text{(Ell)} \\
= \pi & \text{für} \quad \text{(Euk)} \\
< \pi & \text{für} \quad \text{(Hyp)}
\end{cases} .
$$

Durch Multiplikation mit $\frac{2pq}{\pi}$ ergibt sich daraus $2p + 2q + pq \gtreqless 2pq$ bzw. $2p + 2q \gtreqless pq$ und damit

$$
\boxed{4 \gtreqless (p - 2)(q - 2)}
$$

als notwendige Bedingung für die Existenz einer ebenen regulären Polygonpflasterung. Im Fall der euklidischen Ebene gilt $4 = (p - 2)(q - 2)$, was für $p, q \geq 3$ nur die Möglichkeiten $\{p, q\} = \{3, 6\}, \{4, 4\}, \{6, 3\}$ zulässt, die wir oben schon hergeleitet hatten. Im sphärisch–elliptischen Fall gilt $4 > (p - 2)(q - 2)$ und es ergeben sich die 5 Möglichkeiten

$$
\{p, q\} = \{3, 3\}, \{3, 4\}, \{3, 5\}, \{4, 3\}, \{5, 3\}.
$$

Das sind genau die Projektionen der Kantengerüste der 5 regulären konvexen Polyeder aus ihrem Mittelpunkt auf die Umkugel. Für die hyperbolische Ebene ergeben sich aus $4 < (p - 2)(q - 2)$ alle restlichen Kombinationen für $\{p, q\}$ also die regulären Pflasterungen $\{p, q\}$ mit

$$
\begin{aligned}
p &= 3 \text{ und } q > 6, \\
p &= 4 \text{ und } q > 4, \\
p &= 5 \text{ und } q > 3, \\
p &= 6 \text{ und } q > 3, \\
p &\geq 7 \text{ und } q \geq 3.
\end{aligned}
$$

Aus dieser Vielfalt regulärer Polygonpflasterungen der hyperbolischen Ebene („hyperbolischer Mosaike") schöpfte der niederländische Künstler M. C. Escher für viele seiner grafischen Arbeiten. Wir geben hier mit Abb. 5.9 nur je ein Beispiel an für eine reguläre Polygonpflasterung a) im elliptischen Fall ($\{5, 3\}$) und b) im hyperbolischen Fall ($\{4, 5\}$).

Nun aber zu den endlichen elementaren Pflasterungen konvexer Polygone (n-Ecke)! Das allgemeine elementare Polygonzerlegungsproblem formulieren wir als

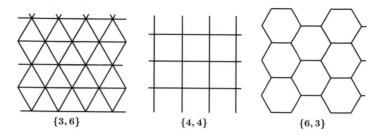

$\{3,6\}$ $\qquad$ $\{4,4\}$ $\qquad$ $\{6,3\}$

Abb. 5.8 Die 3 regulären Polygonpflasterungen von $\mathbb{R}^2$

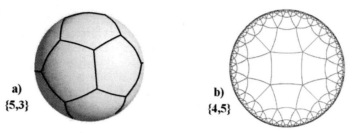

a)
$\{5,3\}$

b)
$\{4,5\}$

Abb. 5.9 Nichteuklidische Polygonpflasterungen

Problem 9. *Man bestimme alle Tripel* (n, m, k) *natürlicher Zahlen, so dass jedes n-Eck in k m-Ecke zerlegt werden kann*

$$\mathcal{P}^n = \sum_{i=1}^{k} \mathcal{P}_i^m.$$

Es ist bemerkenswert, dass dieses Problem noch ungelöst ist bis auf den Spezialfall von Zerlegungen mit der zusätzlichen Forderung, dass jede Seite der Zerlegungspolygone $\mathcal{P}_i^m$ zugleich Seite eines anderen Polygons $\mathcal{P}_j^m$ oder Seite von $\mathcal{P}^n$ ist. Solche Zerlegungen nennen wir *Seite-an-Seite Pflasterung* oder kurz *sas-Zerlegung*. In (Blind und Shephard 2001) kommen die Autoren zu dem Ergebnis, dass sas-Pflasterungen vom Typ (n, m, k) für alle $k \geq 1$ und $n, m \geq 3$ genau dann existieren, wenn $n - mk$ eine gerade Zahl ist und für n die Bedingungen

$$(1) \quad 3 \geq n \geq (m-2)k + 2 \text{ und } (2) \quad n^2 \geq k(m-2)\Big((m-6)k + 12\Big) - 4(m-3)$$

erfüllt sind mit Ausnahme des Tripels $(3, 5, 13)$, das zwar alle diese Bedingungen erfüllt aber nicht *zulässig* ist, d. h. ein Dreieck kann nicht in 13 Fünfecke sas-zerlegt werden – wohl aber bei Verzicht auf die sas-Bedingung wie Abb. 5.10 zeigt: a) beweist die Zerlegbarkeit jedes Dreiecks in drei 5-Ecke und ein Dreieck, welches nach b) in zehn 5-Ecke zerlegbar ist.

Ferner kann man z. B. leicht erkennen, dass ein Quadrat (4-Eck) für alle $k \geq 1$ eine Vierecksplasterung erlaubt also alle Zerlegungstypen $(4,4,k)$ existieren – nicht aber als sas-Pflasterungen! Wegen der Bedingung (2) müsste dann $k \geq 5$ gelten

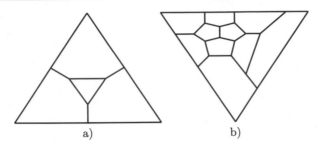

Abb. 5.10 Dreieck in 13 Fünfecke

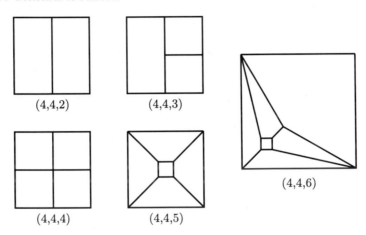

(4,4,2)   (4,4,3)

(4,4,6)

(4,4,4)   (4,4,5)

Abb. 5.11 Die „kleinen" Viereckspflasterungen des 4-Ecks

– eine schöne Anwendung quadratischer (Un-) Gleichungen! In Abb. 5.11 sind für die kleinsten k-Werte Zerlegungstypen (4,4,k) angegeben, darunter die „kleinsten" sas-Zerlegungen (4,4,5) und (4,4,6). Es ist schon eine etwas anspruchsvollere aber schöne Knobelaufgabe, die sas-Pflasterungen (4,4,k) für k > 6 zu finden.

Aus dem großen Reservoir von reizvollen und zur Belebung des Geometrieunterrichts geeigneten Einzelproblemen, die sich aus der allgemeinen Frage unseres obigen Problems ableiten lassen, können wir nur eine kleine Auswahl herausgreifen. Wir beenden die allgemeinen Zerlegungsfragen mit dem wohl auch in der Schule vorkommenden

Satz 5.3.2. *Jedes (nicht notwendig) konvexe n-Eck (n ≥ 3) kann für alle natürlichen Zahlen k ≥ (n − 2) in k Dreiecke zerlegt werden.*

Der Beweis durch vollständige Induktion nach der Eckenanzahl n kann dem Leser überlassen werden.

Einige Ergebnisse zur Zerlegung von n-Ecken in m-Ecke finden sich z. B. in (Hertel 1989). Wir zitieren daraus beispielhaft die zulässigen Tripelmengen

k=2   k=4   k=6   k=8

Abb. 5.12 Dreieckspflasterungen des Quadrates

(1) $(3, 4, k)$ für alle $k \geq 3$,
(2) $(3, 5, k)$ für alle $k \geq 9$ und
(3) $(4, 5, k)$ für alle $k \geq 8$.

Bemerkenswert in diesem Zusammenhang ist die Tatsache, dass n-Ecke mit $3 \leq n \leq 7$ *nicht* in m-Ecke mit $m \geq 6$ zerlegt werden können.

Jetzt gehen wir von diesen allgemeinen Polygon-Zerlegungsproblemen zu Polygonpflasterungen im engeren Sinne über, d. h. die Zerlegungsteile eines n-Ecks müssen zusätzlich in einer besonderen Relation stehen wie inhaltsgleich, kongruent, ähnlich usw. Wir beginnen mit der auch für Schüler sehr einfach erscheinenden Frage für welche natürlichen Zahlen $m \geq 3$ und $k \geq 2$ ein Quadrat in k paarweise kongruente m-Ecke zerlegbar ist. Naturgemäß beginnt man die Untersuchung mit $m = 3$ also mit elementaren $\mathbf{B_2}-$Dreieckspflasterungen des Quadrates im Sinne unserer Definition 5.3.1. Die ersten schnellen Ergebnisse sind in Abb. 5.12 dargestellt, wobei auffällt, dass nur für gerade Zahlen k Pflasterungen angegeben sind. Was ist für ungerade k möglich? Nichts! Während es noch eine schöne Übung für Schüler und den Leser ist, zu beweisen, dass eine Zerlegung des Quadrates in $k = 3$ kongruente Dreiecke unmöglich ist, bedarf der Beweis einer allgemeinen Aussage für ungerade k wesentliche nicht elementare Hilfsmittel. Wir formulieren das noch etwas stärkere bemerkenswerte Ergebnis in folgendem.

Lemma 5.3.1. *Ein Quadrat gestattet genau dann eine Zerlegung in k **inhaltsgleiche** Dreiecke, wenn k eine gerade Zahl ist.*

Ein Beweis findet sich z. B. in dem Buch (Stein und Szabó 1994).

Ein ähnliches Phänomen tritt bei der $\mathbf{B_2}$-Pflasterung des Quadrates in Vierecke auf. Man kann sofort sehen, dass für $k = 2$ nur die in Abb. 5.13 gezeigte Möglichkeit besteht. Dass es für $k = 3$ auch *nur* die in der Abbildung gezeigte „triviale" Möglichkeit gibt, erfordert schon einiges Nachdenken für Schüler und den Leser. Für $k = 4$ gibt es erstmalig auch die gezeigte „nichttriviale" Lösung.

Die von L. Danzer im vorigen Jahrhundert als Problem formulierte Frage, ob es für $k = 5$ eine nichttriviale Viereckspflasterung des Quadrates gibt, wurde erst unlängst in einer elfseitigen Arbeit negativ (!) beantwortet (vgl. Yuan et al. 2016). Es bleibt das folgende

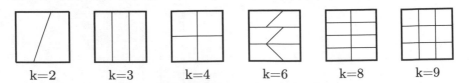

$$k=2 \qquad k=3 \qquad k=4 \qquad k=6 \qquad k=8 \qquad k=9$$

Abb. 5.13 Viereckspflasterungen des Quadrates

Problem 10. *Ist die Pflasterung des Quadrates in p konvexe paarweise kongruente Mengen stets eindeutig, nämlich „trivial", wenn p eine Primzahl ≥ 7 ist?*

Aus der Fülle von weiteren Möglichkeiten, das Problem der Polygonpflasterungen zu spezialisieren, wollen wir wenigstens noch zwei herausgreifen. Unsere erste Spezialisierung besteht in der Forderung nach Regularität der „Pflastersteine". Wir beschränken uns dabei auf die Frage nach denjenigen n-Ecken, die sich in $k \geq 1$ untereinander kongruente *reguläre* Dreiecke zerlegen lassen, die wir ohne Beschränkung der Allgemeinheit mit der Seitenlänge 1 annehmen. Dazu präzisieren wir den Begriff der Pflasterung durch die folgende.

Definition 5.3.3. *Eine Zerlegung*

$$(*) \quad \mathcal{P}^n = \sum_{i=1}^{k} \mathcal{D}_i \quad \text{mit} \quad \mathcal{D}_i \cong \mathcal{D} \quad \text{und} \quad \mathcal{D} \text{ reguläres Dreieck}$$

*eines n-Ecks $\mathcal{P}^n$ heiße **reguläre Dreieckspflasterung** von $\mathcal{P}^n$.*

Wir fragen nach der Menge aller n-Ecke, die eine reguläre Dreieckspflasterung gestatten und nach der Menge $\mathbf{Z}_n$ aller natürlichen Zahlen $k \geq 1$, für die ein n-Eck existiert mit $(*)$. Die auf den ersten oder zweiten Blick uferlos erscheinende Frage wird etwas überschaubarer durch folgenden

Hilfssatz 5.3.2. *Wenn ein n-Eck eine reguläre Dreieckspflasterung gestattet, dann muss gelten $3 \leq n \leq 6$.*

Beweis. Da die durch kongruente reguläre Dreiecke gepflasterten n-Ecke $\mathcal{P}^n$ nur bis auf Ähnlichkeit interessieren, konnten wir die Seitenlänge der Dreiecke mit 1 annehmen, so dass ein solches n-Eck

$$\mathcal{P}^n = (\alpha_1, a_1, \dots, \alpha_n, a_n)$$

durch die gemischte Folge seiner im positiven Umlaufsinn aufeinander folgenden Innenwinkelgrößen α_i und zugehörigen (ganzzahligen!) Seitenlängen a_i bis auf zyklische Umordnung als Typ eineindeutig beschrieben wird. Dabei können die Innenwinkelgrößen von $\mathcal{P}^n$ nur die Werte $\frac{\pi}{3}$ und $\frac{2\pi}{3}$ annehmen, so dass für die Innenwinkelsumme von $\mathcal{P}^n$

$$(n - 2)\pi = x \cdot \frac{\pi}{3} + y \cdot \frac{2\pi}{3}$$

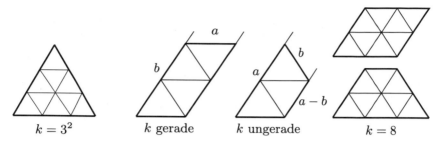

Abb. 5.14 Reguläre Dreieckspflasterung von 3- und 4-Eck

gelten muss mit natürlichen Zahlen x, y und

$$(1.1) \quad n = x + y, \qquad \text{woraus sich}$$
$$(1.2) \quad 3n = x + 2y + 6 \quad \text{und schließlich}$$
$$(1.3) \quad 2x + y = 6$$

ergibt. Daraus folgt $3 \leq n \leq 6$. $\qquad\qquad\qquad\qquad\qquad\qquad\qquad$ □

Mit dieser Einschränkung können wir die endlich vielen Lösungen der diophantischen Gleichungen (1.1), (1.2) und (1.3) angeben. Wir beginnen mit $n = 3$, woraus sich mit (1.1) und (1.2) sofort $x = 3$ und $y = 0$ ergibt. Das bedeutet, dass ein Dreieck $\mathcal{P}^3$ nur dann eine reguläre Dreieckspflasterung gestattet, wenn $\mathcal{P}^3$ selbst ein reguläres (gleichseitiges) Dreieck ist. Und damit ergibt sich $\mathbf{Z}_3 = \{k^2 : k \geq 1\}$.

Für Vierecke $\mathcal{P}^4$ ergibt (1.1) und (1.2) die Lösung $x = y = 2$, so dass $\mathcal{P}^4$ entweder die geordnete Innenwinkelfolge $\frac{\pi}{3}, \frac{2\pi}{3}, \frac{\pi}{3}, \frac{2\pi}{3}$ besitzt ($\mathcal{P}^4$ ist ein Parallelogramm) oder $\frac{\pi}{3}, \frac{\pi}{3}, \frac{2\pi}{3}, \frac{2\pi}{3}$ ($\mathcal{P}^4$ ist ein gleichschenkliges Trapez). Damit ergibt sich $\mathbf{Z}_4 = \mathbb{N} \setminus \{0, 1\}$, wie aus Abb. 5.14 ersichtlich ist. Es gilt also für diese einfachen Fälle der folgende

Satz 5.3.3.

a) Ein Dreieck $\mathcal{P}^3$ besitzt genau dann eine reguläre Dreieckspflasterung, wenn $\mathcal{P}^3$ gleichseitig ist, und es gilt $\mathbf{Z}_3 = \{k^2 : k \in \mathbb{N}^*\}$.

b) Ein Viereck $\mathcal{P}^4$ besitzt genau dann eine reguläre Dreieckspflasterung, wenn $\mathcal{P}^4$ entweder ein Parallelogramm vom Typ $(\frac{\pi}{3}, a, \frac{2\pi}{3}, b, \frac{\pi}{3}, a, \frac{2\pi}{3}, b)$ ist mit $1 \leq a \leq b$ oder ein gleichschenkliges Trapez vom Typ $(\frac{\pi}{3}, a, \frac{\pi}{3}, b, \frac{2\pi}{3}, a - b, \frac{2\pi}{3}, b)$ mit $1 \leq b < a$, und es gilt $\mathbf{Z}_4 = \mathbb{N} \setminus \{0, 1\}$.

Die Untersuchung der regulären Pflasterbarkeit von 5-Ecken und 6-Ecken ist wesentlich aufwendiger. Deshalb geben wir hier nur die Ergebnisse aus (Hertel und Richter 2014) an in Form von

Lemma 5.3.2. *a) Ein 5-Eck $\mathcal{P}^5$ gestattet genau dann eine reguläre Dreieckspflasterung, wenn es vom Typ*

$$\left(\frac{\pi}{3}, a, \frac{2\pi}{3}, b, \frac{2\pi}{3}, c, \frac{2\pi}{3}, a - c, \frac{2\pi}{3}, b + c \right)$$

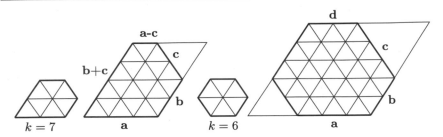

Abb. 5.15 Reguläre Dreieckspflasterung von 5- und 6-Eck

ist mit $0 < b$, $0 < c < a$, *und es gilt* $\mathbf{Z}_5 = \{k : k = 2a(b+c) - c^2\}$.

b) *Ein 6-Eck gestattet genau dann eine reguläre Dreieckspflasterung, wenn es vom Typ*

$$\left(\frac{2\pi}{3}, a, \frac{2\pi}{3}, b, \frac{2\pi}{3}, c, \frac{2\pi}{3}, d, \frac{2\pi}{3}, a+b-d, \frac{2\pi}{3}, c+d-a \right)$$

ist mit $1 \le a, b, c, d$, $a < c+d$, $d < a+b$, *und es gilt*

$$\mathbf{Z}_6 = \mathbb{N} \backslash \{0, 1, 2, 3, 4, 5, 7, 8, 9, 11, 12, 15, 17, 20, 21, 23, 29, 36, 39, 41, 44, 84\}$$

(s. Abb. 5.15).

Im Gegensatz zur expliziten Angabe von $\mathbf{Z}_6$ mit den 22 Ausnahmezahlen aus $\mathbb{N}$ ist eine explizite Angabe von $\mathbf{Z}_5$ (noch) nicht möglich. Man kennt 60 natürliche Zahlen, die nicht in $\mathbf{Z}_5$ liegen, und man weiß, dass es höchstens noch zwei solche Ausnahmezahlen $k > 1848$ geben kann. Es bleibt also die folgende Frage als

Problem 11. *Gibt es eine natürliche Zahl* $k > 1848$, *so dass* **kein** *konvexes 5-Eck in k paarweise kongruente reguläre Dreiecke zerlegt werden kann?*

Für „Kenner" sei die bemerkenswerte Tatsache erwähnt, dass ein Beweis der Verallgemeinerten Riemannschen Vermutung eine Verneinung dieser Frage zur Folge hätte!

Die letzte Spezialisierung der Polygonpflasterungen, die wir hier kurz betrachten wollen, besteht in der Forderung, dass die Zerlegungsteile bei der Pflasterung eines Polygons $\mathcal{P}$ alle zu $\mathcal{P}$ ähnlich sind. Wir präzisieren die verschiedenen Varianten einer solchen „Ähnlichkeitspflasterung" in der folgenden

Definition 5.3.4. *Ist ein n-Eck* $\mathcal{P}^n$ *in k n-Ecke* $\mathcal{P}_l^n$ *zerlegt*

$$(\ast) \quad \mathcal{P}^n = \sum_{l=1}^{k} \mathcal{P}_i^n \quad (k \in \mathbb{N}, \ k > 1),$$

so heißt k **Ordnung** *dieser Zerlegung und* $\mathcal{P}^n$ *heißt*

a) **k-selbstähnlich,** *wenn in* (∗) *gilt* $\mathcal{P}_i^n \simeq \mathcal{P}^n (i = 1, \ldots, k)$ *mit dem*
   (Ähnlichkeits-) **Spektrum** $S(\mathcal{P}^n) := \{k \in \mathbb{N} : \mathcal{P}^n$ *k-selbstähnlich* $\}$.

b) $\mathcal{P}^n$ *heißt* **k-replizierend,** *wenn in* (∗) *gilt* $\mathcal{P}_i^n \cong \mathcal{P}_j^n \simeq \mathcal{P}^n$
   $(1 \leq i \leq j \leq k)$ *mit dem Spektrum* $S_r(\mathcal{P}^n) := \{k \in \mathbb{N} : \mathcal{P}^n$ *k-replizierend*$\}$.

c) $\mathcal{P}^n$ *heißt* **k-perfekt,** *wenn in* (∗) *gilt* $\mathcal{P}_i^n \simeq \mathcal{P}^n$ *und*
   $\mathcal{P}_i^n \not\cong \mathcal{P}_j^n (1 \leq i < j \leq k)$ *mit dem Spektrum* $S_p(\mathcal{P}^n) := \{k \in \mathbb{N} : \mathcal{P}^n$ *k-perfekt*$\}$.

Als erstes Beispiel fragen wir nach Selbstähnlichkeitsvarianten des Quadrates. Dass ein Quadrat $\mathcal{Q}$ nicht in zwei oder drei Quadrate zerlegt werden kann ist offensichtlich, d. h. $2, 3, \notin S(\mathcal{Q})$. Der Nachweis dafür, dass ein Quadrat nicht in 5 Quadrate zerlegt werden kann, ist eine etwas anspruchsvollere, aber für Schüler und den Leser durchaus lösbare Aufgabe. Auch dass ein Quadrat nur dann in k paarweise *kongruente* Quadrate zerlegbar ist wenn k eine Quadratzahl ist ergibt sich sofort: $\mathcal{Q}$ ist genau dann k-replizierend, wenn $k = m^2$ gilt mit $m > 1$. Es gilt also der folgende

Hilfssatz 5.3.3. *Für Quadrate $\mathcal{Q}$ gilt*

a) $S(\mathcal{Q}) = \mathbb{N} \setminus \{0, 1, 2, 3, 5\}$ *und*

b) $S_r(\mathcal{Q}) = \left\{ k : k = m^2 \ \wedge \ m \in \mathbb{N} \setminus \{0, 1\} \right\}$.

Beweis. Aussage b) ist klar und Aussage a) ergibt sich aus der Abb. 5.16 und der aus dem Übergang $k = 4 \to k = 7$ ersichtlichen allgemeinen Aussage $k \in S(\mathcal{Q}) \Rightarrow k + 3 \in S(\mathcal{Q})$. □

Wesentlich spannender ist die Geschichte der perfekten Quadratzerlegungen. Die Suche nach einer Zerlegung eines Quadrates in paarweise *inkongruente* Teilquadrate war lange ein viel diskutiertes ungelöstes Problem bis R. Sprague (1939) die Zerlegung eines Quadrates in 55 „lauter verschiedene Quadrate" fand. Dann entspann sich ein internationaler Wettlauf, möglichst kleinere Ordnungen als 55 zu finden bis von A. Duijvestijn (1978) mit Computereinsatz bewiesen werden konnte, dass 21 die minimale Ordnung für perfekte Quadratzerlegungen ist. Er konnte darüber hinaus zeigen, dass seine gefundene Lösung (s. Abb. 5.17) die einzig mögliche mit Ordnung 21 ist, und sie ist zusätzlich sogar *einfach*, d. h. keine echte Teilmenge der Teilquadrate bildet ein Rechteck. C. Müller (1989) konnte dann für das Perfektheitsspektrum des Quadrates $S_p(\mathcal{Q}) \supseteq \{k \in \mathbb{N} : k \geq 21\} \setminus \{23\}$ nachweisen. Die Lücke $k = 23$ wurde aber 1990 von J.D. Skinner geschlossen. Damit gilt das folgende

Lemma 5.3.3. *Ein Quadrat $\mathcal{Q}$ gestattet genau dann eine k-perfekt Zerlegung, wenn $k \geq 21$ gilt:* $S_p(\mathcal{Q}) = \{k \in \mathbb{N} : k \geq 21\}$.

Wie sieht es mit der Selbstähnlichkeit anderer n-Ecke aus? Dass für die Selbstähnlichkeit von n-Ecken $n < 6$ gelten muss, zeigt folgendes allgemeinere

Abb. 5.16 Selbstähnlichkeit
des Quadrats

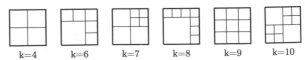

k=4   k=6   k=7   k=8   k=9   k=10

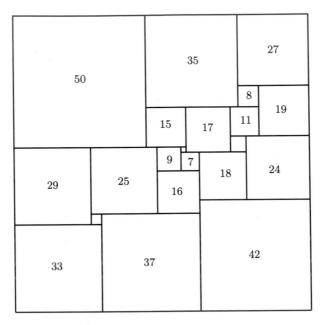

Abb. 5.17 Duijvestijns perfektes Quadrat der Ordnung 21

Lemma 5.3.4. *Ist ein n-Eck in k ≥ 2 n-Ecke zerlegt, so muss gelten*

$$3 \leq n \leq 5.$$

Der Leser kann durch elementare Betrachtungen über die Innenwinkelverteilungen
und Innenwinkelsummen der *k* Teilpolygone einen Beweis versuchen oder er findet
in (Hertel 2000) einen Beweis mit graphentheoretischen Mitteln.

Für 5-Ecke ist bekannt, dass sie nicht *replizierend* sein können (siehe z. B. Osburg
2004), und es wird allgemein vermutet, dass es überhaupt kein selbstähnliches Fünfeck geben kann. Wir formulieren das als

Problem 12. *Gibt es ein selbstähnliches konvexes Fünfeck?*

Das Studium selbstähnlicher konvexer Polygone braucht sich also wahrscheinlich
„nur" auf 3- und 4-Ecke zu beschränken. Für Vierecke haben wir bereits für das
Quadrat eine vollständige Charakterisierung aller möglichen Varianten der Selbstähnlichkeit angeben können. Aber es gibt natürlich noch weitere selbstähnliche
Vierecke! Der Leser suche solche unter Rechtecken, Parallelogrammen und Trape-

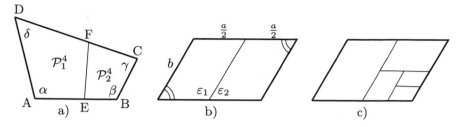

Abb. 5.18 Selbstähnliches Viereck

zen. Wir geben wenigstens noch ein einfaches Ergebnis zur k-Selbstähnlichkeit von Vierecken an in Form von dem elementar beweisbaren

Satz 5.3.4. *Für Vierecke $\mathcal{P}^4$ sind folgende Aussagen äquivalent:*

(1) $\mathcal{P}^4$ ist 2-selbstähnlich,
(2) $\mathcal{P}^4$ ist 2-replizierend,
(3) $S(\mathcal{P}^4) = \mathbb{N} \setminus \{0, 1\}$ und
(4) $\mathcal{P}^4$ ist ein Parallelogramm mit dem Seitenverhältnis $\sqrt{2} : 1$.

Beweis. Eine Zerlegung eines 4-Ecks $\mathcal{P}^4 = ABCD$ in zwei Vierecke $\mathcal{P}_1^4, \mathcal{P}_2^4$ ist nur möglich durch eine Schnittstrecke EF, die zwei innere Punkte E, F von gegenüberliegenden Seiten von $\mathcal{P}^4$ verbindet (s. Abb. 5.18a). Ist $\mathcal{P}^4$ selbstähnlich zerlegt in $\mathcal{P}_1^4$ und $\mathcal{P}_2^4$, dann können die Innenwinkel von $\mathcal{P}^4$ nicht paarweise verschieden sein. Anderenfalls müsste die Ähnlichkeit etwa von $\mathcal{P}^4$ und $\mathcal{P}_1^4$ durch eine Abbildung realisiert werden bei der eine Seite (etwa AD) fest bleibt, was unmöglich ist. Nehmen wir also zunächst zusätzlich an, dass zwei an einer Seite von $\mathcal{P}^4$ anliegende Winkel gleich groß sind, etwa $\alpha = \beta$. Dann muss wegen $\mathcal{P}_1^4 \simeq \mathcal{P}_2^4 \simeq \mathcal{P}^4$ auch $\varepsilon_1 = \varepsilon_2 = \alpha = \beta$ und schließlich $\alpha = \beta = \gamma = \delta = \frac{\pi}{2}$ gelten. $\mathcal{P}^4$ ist also ein Rechteck und damit ein „spezielles" Parallelogramm.

Die zweite Möglichkeit (zwei in $\mathcal{P}^4$ gegenüberliegende Winkel sind gleich groß, etwa $\alpha = \gamma$) führt mit den gleichen Überlegungen zu dem Ergebnis, dass $\mathcal{P}^4$ ein Parallelogramm sein muss, in dem E der Mittelpunkt der Seite AB ist (Abb. 5.18b). Werden dann die Seitenlängen $|AB| = a$ und $|AD| = b$ berücksichtigt, so muss offenbar $a : b = b : \frac{a}{2}$ gelten, woraus $a^2 = 2b^2$ folgt bzw. $a : b = \sqrt{2} : 1$. Der Rest ist klar, insbesondere folgt die k-Selbstähnlichkeit von $\mathcal{P}^4$ für alle natürlichen Zahlen $k > 2$ durch Iteration im Sinne von dem in Abb. 5.18c gezeigten Beispiel. $\square$

Wir beenden unseren Einblick in die Theorie der elementaren Polygonpflasterungen mit der Frage nach selbstähnlichen Dreiecken – einem Gebiet, das unbedingt im Schulunterricht vorkommen sollte als reizvolle Belebung der Ähnlichkeitslehre. Als erstes formulieren wir eine schöne „ähnlichkeitstheoretische" Charakterisierung rechtwinkliger Dreiecke mit folgendem

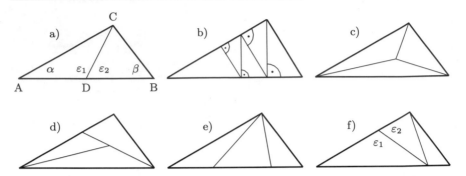

Abb. 5.19 Zur Bestimmung von 2- und 3-selbstähnlichen Dreiecken

Satz 5.3.5. *Für Dreiecke $\mathcal{D}$ sind folgende Aussagen äquivalent:*

(1) $\mathcal{D}$ ist 2-selbstähnlich,
(2) $\mathcal{D}$ ist 3-selbstähnlich,
(3) $S(\mathcal{D}) = \mathbb{N} \setminus \{0, 1\}$ und
(4) $\mathcal{D}$ ist rechtwinklig.

Beweis. Sei $\mathcal{D} = \triangle ABC$ ein Dreieck mit den Innenwinkelgrößen $\alpha \leq \beta \leq \gamma$.
$\mathcal{D}$ kann nur durch eine Schnittstrecke von einer Ecke zu einem inneren Punkt der gegenüberliegenden Seite in zwei Dreiecke zerlegt werden. Sollen diese zu $\mathcal{D}$ ähnlich sein, muss die Schnittstrecke CD den größten Winkel γ teilen, da die Teildreiecke dieselben Winkelgrößen wie $\mathcal{D}$ haben müssen. Unter Berücksichtigung des Außenwinkelsatzes folgt sofort (s. Abb. 5.19a) $\varepsilon_1 = \varepsilon_2 = \frac{\pi}{2}$ d. h. $\mathcal{D}$ ist rechtwinklig. Durch Iteration dieser Zerlegung durch Lotfällen vom Scheitel des jeweiligen rechten Winkels auf die Hypotenuse ergibt sich die Aussage (3) unseres Satzes für rechtwinklige Dreiecke (s. Abb. 5.19b). Ist ein Dreieck $\mathcal{D}$ in 3 Teildreiecke $\mathcal{D}_i$ zerlegt, so ergibt sich aus den Ähnlichkeiten $\mathcal{D}_i \simeq \mathcal{D}$ mit den gleichen vorigen Winkelbetrachtungen, dass von den 4 Teilungsmöglichkeiten c-f in Abb. 5.19 nur die letzte mit $\varepsilon_1 = \varepsilon_2 = \frac{\pi}{2}$ möglich ist. Folglich muss ein 3-selbstähnliches Dreieck ebenfalls rechtwinklig sein. $\square$

Für die k-Selbstähnlichkeit von Dreiecken im Fall $k > 3$ gilt der folgende

Satz 5.3.6. *Für jedes Dreieck $\mathcal{D}$ gilt*

(1) $\mathcal{D}$ ist k-selbstähnlich für $k = 4$ und alle $k \geq 6$,
(2) $\mathcal{D}$ ist genau dann 5-selbstähnlich, wenn $\mathcal{D}$ rechtwinklig ist oder Innenwinkel der Größen $120°$ und $30°$ besitzt.
(3) Für das Ähnlichkeitsspektrum von $\mathcal{D}$ gilt $S(\mathcal{D}) = \mathbb{N} \setminus \{0, 1, 2, 3\}$ genau dann, wenn $\mathcal{D}$ Innenwinkel der Größen $120°$ und $30°$ besitzt.

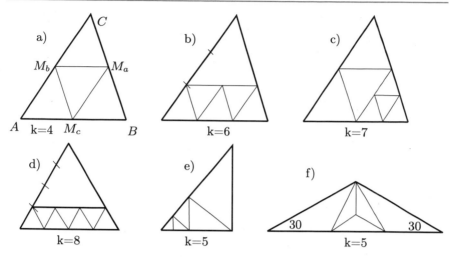

Abb. 5.20 k-selbstähnliche Dreiecke für $k = 4$ und $k \geq 6$

Beweis. Die 4-Selbstähnlichkeit beliebiger Dreiecke $\mathcal{D}$ durch Verbindung der Seitenmitten M_a, M_b, M_c (Abb. 5.20a) ist wohl gängiger Schulstoff. Für $k = 6$ und $k = 8$ müssen die Seiten von $\mathcal{D}$ gedrittelt bzw. geviertelt werden (s. Abb. 5.20b und d). Der Fall $k = 7$ geht aus $k = 4$ durch Iteration hervor, die bedeutet, dass aus der k-Selbstähnlichkeit stets auch die $(k + 3)$-Selbstähnlichkeit folgt. Folglich ist mit den Fällen a)–d) der Abb. 5.20 die Aussage (1) des Satzes bewiesen. Den Nachweis, dass außer den rechtwinkligen Dreiecken noch genau ein *nicht* rechtwinkliges 5-selbstähnlich sein kann, haben mehrere Autoren erbracht. Wir verzichten hier auf diesen Nachweis wegen seiner etwas mühsamen Falldiskussionen, geben aber das Ergebnis mit der Abb. 5.20f) an und erwähnen die wohl erste Arbeit (Uskin und Wayment 1972) zum Thema. Die Aussage (3) des Satzes folgt unmittelbar aus (1) und (2). □

Auch für *k-replizierende* Dreiecke gibt es eine vollständige Charakterisierung. Wir zitieren dieses schöne Ergebnis aus der Arbeit (Snover et al. 1991) in folgendem

Lemma 5.3.5. *Ein Dreieck $\mathcal{D}$ ist genau dann k-replizierend, wenn gilt*

(1) $k = m^2$ mit $m \in \mathbb{N} \setminus \{0, 1\}$ für beliebiges $\mathcal{D}$ oder
(2) $k = m^2 + n^2$ mit $m, n \geq 1$ für rechtwinkliges $\mathcal{D}$ mit dem Kathetenverhältnis $m : n$ oder
(3) $k = 3m^2$ mit $m \geq 1$ für rechtwinkliges $\mathcal{D}$ mit einem Innenwinkel der Größe $60°$.

Wir verzichten auf den nicht elementaren Beweis, geben aber die Konstruktion entsprechender Dreiecke für alle drei Fälle in Abb. 5.21 an: In a) für den Fall (1) mit $m = 3$, in b) für den Fall (2) mit $m = 2$ und $n = 3$ und in c) für den Fall (3) mit $m = 2$.

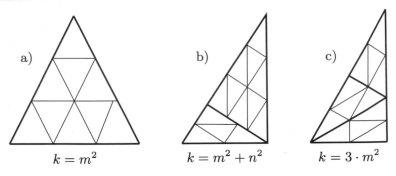

Abb. 5.21 Replizierende Dreiecke

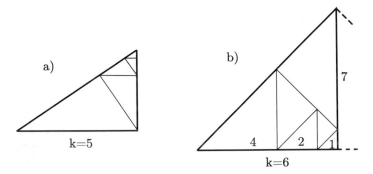

Abb. 5.22 Perfekte Dreiecke

Abschließend geben wir einige für *perfekte* Dreiecke bekannte Ergebnisse an in folgendem

Satz 5.3.7. *a)* *Für Dreiecke $\mathcal{D}$ sind folgende Aussagen äquivalent:*

(1) $\mathcal{D}$ ist 2-perfekt,
(2) $\mathcal{D}$ ist 3-perfekt,
(3) $\mathcal{D}$ ist 4-perfekt,
(4) $\mathcal{D}$ ist 5-perfekt,
(5) $S_p(\mathcal{D}) = \mathbb{N} \setminus \{0, 1\}$ und
(6) $\mathcal{D}$ ist ein rechtwinkliges nicht gleichschenkliges Dreieck.

b) Für rechtwinklige gleichschenklige Dreiecke $\mathcal{D}$ gilt $S_p(\mathcal{D}) = \{k \in \mathbb{N} : k \geq 6\}$.
c) Gleichseitige Dreiecke können nicht perfekt zerlegt werden.

Der Beweis der Aussage a) kann von Schülern und dem Leser erbracht werden (vgl. Abb. 5.22a). Der Beweis der Aussage b) ergibt sich aus der Abb. 5.22b). Für die wesentlich schwerer zu beweisende Aussage c) verweisen wir etwa auf die Arbeit (Tuza 1991).

5.4   Würfelzerlegungen

Wir wollen nicht in den Fehler der „modernen" Schulgeometrie verfallen und die Raumgeometrie vernachlässigen. Deshalb werden wir hier wenigstens ein elementares Zerlegungsproblem im dreidimensionalen euklidischen Raum etwas ausführlicher behandeln nämlich die Selbstähnlichkeit des Würfels (vgl. Definition 1.4.3). Wir fragen nach der Zerlegbarkeit eines 3-dimensionalen Würfels $W := W^3$ in Teilwürfel und nach den möglichen Anzahlen derselben, also nach den Selbstähnlichkeitsspektren. Unsere erste Frage lautet: Ist W perfekt selbstähnlich (vgl. Definition 5.3.4)? Die vielleicht überraschende Antwort gibt folgender

Satz 5.4.1. *Der n-dimensionale Würfel ist für $n > 2$ **nicht** perfekt zerlegbar:*

$$S_p(W^n) = \emptyset \quad (n \geq 3).$$

Beweis. Wir beweisen die Aussage für den 3-dimensionalen Würfel $W = W^3$ indirekt. Angenommen W ist perfekt zerlegt in paarweise inkongruente Teilwürfel. Dann induziert diese Zerlegung auf den Seitenflächen von W jeweils eine perfekte Quadratzerlegung. Betrachten wir etwa die perfekte Quadratzerlegung der „Grundseite" $Q = \sum_{i=1}^{m} Q_i$. Unter den paarweise inkongruenten Q_i existiert dann ein kleinstes Quadrat, etwa $Q^1 = Q_1$. Dieses kann nicht an einer Seite von Q anliegen, denn sonst müssten an Q^1 im Inneren von Q noch kleinere Teilquadrate anliegen im Widerspruch zur Minimalität von Q^1. Q^1 ist nun „Grundfläche" eines Teilwürfels W_1 der Zerlegung von W. W_1 wird von Teilwürfeln umschlossen, die alle größer sein müssen als W_1. Folglich müssen auf der Q^1 gegenüberliegenden „Deckfläche" Q^2 von W_1 lauter kleinere Würfel der Zerlegung von W anliegen, die auf Q^2 eine perfekte Quadratzerlegung erzeugen. Dieses Verfahren kann unendlich oft fortgesetzt werden, was unmöglich ist.

Im Sinne einer vollständigen Induktion kann diese Beweisidee auf alle Dimensionen $n > 3$ übertragen werden. $\square$

Als nächstes fragen wir nach möglichen Anzahlen k, für die W k-replizierend ist. Die Antwort liefert folgender

Satz 5.4.2. *Der n-dimensionale Würfel ist genau dann k-replizierend, wenn $k = m^n$ gilt für $m \in \mathbb{N} \setminus \{0, 1\}$.*

Beweis. Wir betrachten vereinfachend nur den Fall $n = 3$. Ist der Würfel W^3 in $k \geq 2$ paarweise kongruente Teilwürfel zerlegt, so liegen an allen 12 Kanten von W^3 gleich viele (etwa m) Würfel an und es muss demnach $k = m^3$ gelten. $\square$

Wesentlich schwieriger, aber spannend, ist die Suche nach allen Zahlen k, für die W in k beliebige Würfel zerlegt werden kann, also die Suche nach dem Selbstähnlichkeitsspektrum $S(W)$. Wir wollen auf ganz elementarem Weg entsprechende

Zerlegungen konstruieren. Zunächst stellen wir fest, dass die kleinsten Anzahlen k von Teilwürfeln, in die W zerlegt werden kann die Zahlen $k = 1$ (was wir ab jetzt zulassen wollen) und $k = 8$ sind:

$$(1)\ 1, 8 \in S(W).$$

Gibt es eine Zerlegung von W in $k > 1$ Teilwürfel, so entsteht auf jeder Seitenfläche von W eine Quadratzerlegung in mindestens 4 Teilquadrate nach Hilfssatz 5.3.3. Die dazu gehörigen Teilwürfel können die jeweils gegenüberliegende Seitenfläche von W nicht berühren, so dass $k \geq 8$ folgt:

$$(1')\ 2, 3, 4, 5, 6, 7 \notin S(W).$$

Nun kann aus jeder Würfelzerlegung beliebig oft hintereinander ein Würfel ersetzt werden durch 8 kleinere, so dass gilt

$$(*)\ k \in S(W) \implies k + m \cdot 7 \in S(W) \text{ für alle } m \in \mathbb{N}.$$

Mit $8 \in S(W)$ beginnend ergibt sich damit

$$(2)\ 15, 22, 29, 36, 43, \mathbf{50}, \ldots \in S(W).$$

Gehen wir von $k = 3^3 = 27 \in S(W)$ nach Satz 5.4.2 aus, so folgt mit $(*)$

$$(3)\ 27, 34, 41, \mathbf{48}, \ldots \in S(W).$$

Andererseits kann man sofern das möglich ist aus einer Zerlegung von W in k Teilwürfel eine Gruppe von 8 Würfeln zu einem zusammenfassen und erhält eine Zerlegung in $k - 8 + 1 = k - 7$ Teilwürfel. Wenden wir das auf $k = 3^3 = 27$ an, so folgt

$$(4)\ 20 \in S(W).$$

Damit kann in jeder Zerlegung von W beliebig oft ein Teilwürfel durch 20 kleinere ersetzt werden, so dass gilt

$$(**)\ k \in S(W) \implies k - m + m \cdot 20 = k + 19m = \in S(W) \text{ für alle } m \in \mathbb{N}.$$

Insbesondere ergibt sich damit aus (4) zusammen mit $(*)$

$$(5)\ 39, 46, \mathbf{53} \in S(W).$$

Die explizite Konstruktion einer Würfelzerlegung durch die angegebenen Verfahren erläutern wir am Beispiel der Zerlegung von W in $k = 53$ Teilwürfel (vgl. Abb. 5.23). Dazu betrachten wir einen Würfel W_6 der Kantenlänge 6, den wir nach „Standard" in 8 Teilwürfel W_3 der Kantenlänge 3 zerlegen. Einen davon zerlegen wir in 27 W_1 (links oben). Einen zweiten der W_3 (rechts oben) zerlegen wir ebenfalls in 27 W_1, fassen davon aber 8 zu einem W_2 zusammen, womit sich eine Zerlegung in insgesamt $k = 8 - 2 + 27 + (27 - 8 + 1) = 53$ Teilwürfel ergeben hat. In analoger Weise ergibt sich die Zerlegung eines Würfels W_8 der Kantenlänge 8 in 52 Teilwürfel: $8 + (-1 + 8) + (-1 + 64 - 27 + 1) = 52$. Für die Konstruktion der Zerlegung von W in $k = 49$ Teilwürfel geben wir eine weitere Methode an: Wir gehen von der Standardzerlegung eines Würfels W_6 in 8 W_3 aus, wovon wir die „unteren" 4 als 1. Schicht belassen. Auf diese legen wir eine 2. Schicht aus $3 \times 3 = 9$ W_2-Würfeln, so dass die verbleibende Lücke „nach oben" von $6 \times 6 = 36$ W_1-Würfeln ausgefüllt werden kann und wir haben $k = 4 + 9 + 36 = 49$ Teilwürfel. Einfacher wird es für $k = 38$ und 45: Dazu wird ein W_4 gemäß Satz 5.4.2 in $4^3 = 64$ Teilwürfel zerlegt, von denen 27 zu einem zusammengefasst werden, so dass $k = 64 - 27 + 1 = 38$ wird, woraus sich mit (∗) auch eine Zerlegung in $k = 38 - 1 + 8 = 45$ konstruieren lässt. Es gilt also auch

$$(6)\ 38, 45, \mathbf{49}, \mathbf{52} \in S(W).$$

Lediglich die Erzeugung der Zerlegungszahlen 51 und 54, die wir noch benötigen, ist nicht nach den bisherigen einfachen Methoden möglich (s. Abb. 5.23): Für $k = 51$ wird ein W_6 zerlegt in $5 \times W_3$ und $5 \times W_2$, so dass die verbleibenden Lücken durch genau $41 \times W_1$ ausgefüllt werden können und es ergibt sich $k = 5 + 5 + 41 = 51$. Für $k = 54$ wird ein W_8 zerlegt in $6 \times W_4$, $2 \times W_3$ und $4 \times W_2$, so dass die verbleibenden Lücken mit genau 42 W_1-Würfeln ausgefüllt werden können, womit $k = 6 + 2 + 4 + 42 = 54$ realisiert ist. Damit haben wir

$$(7)\ \mathbf{51}, \mathbf{54} \in S(W).$$

Lange Zeit war die Zerlegung eines Würfels in 54 Teilwürfel unbekannt bis die in der Abbildung angegebene Lösung u. a. von Doris Rychener, einer Flötenlehrerin (!) am Konservatorium für Musik in Bern um 1975 gefunden wurde. Diese Lösung wurde wohl erstmalig veröffentlicht in (Guy 1977).

Wir fassen unsere Ergebnisse (1) – (7) in zwei Aussagen zusammen in folgendem

Satz 5.4.3. *Es gilt*

(I) $\{1, 8, 15, 20, 22, 27, 29, 34, 36, 38, 39, 41, 43, 45, 46\} \subseteq S(W)$ *und*
(II) $\{k \in \mathbb{N} : k \geq 48\} \subseteq S(W)$.

Beweis. Es bleibt nur noch zu zeigen, dass der 3-dimensionale Würfel k-selbstähnlich ist für alle $k \geq 48$. Das folgt aber sofort aus (∗) und der Tatsache, dass wir mit 48, 49, 50, 51, 52, 53, 54 sieben aufeinanderfolgende natürliche Zahlen in $S(W)$ gefunden haben.   □

Unser Ergebnis (I) und (II) findet sich auch als Folge A014544 in der schönen Onlineenzyklopädie von Folgen ganzer Zahlen im Internet (Sloane 2021). In der ersten Fassung wurde noch behauptet, wie von den meisten Autoren, dass diese Folge vollständig ist, dass also gilt

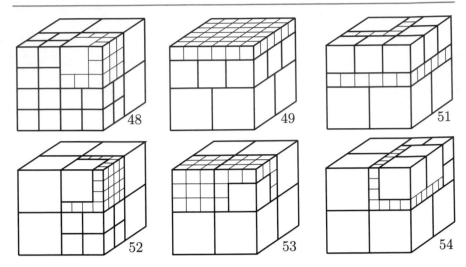

Abb. 5.23 Zerlegung des Würfels in k=48,49,51,52,53,54 Teilwürfel

(III) $\{2, 3, 4, 5, 6, 7, 9, 10, 11, 12, 13, 14, 16, 17, 18, 19\} \cap S(\mathcal{W}) = \emptyset$ und
(IV) $\{21, 23, 24, 25, 26, 28, 30, 31, 32, 33, 35, 37, 40, 42, 44, 47\} \cap S(\mathcal{W}) = \emptyset$.

In der aktuellen Fassung (Sloane 2021) heißt es immerhin in einem Kommentar von D. Hickerson: „I'm not certain that it has been proved." Es geht dabei insbesondere um das sogenannte *Hadwiger-Problem:* Gibt es für jede Dimension n eine kleinste natürliche Zahl $h(n)$, so dass für *alle* $k \geq h(n)$ der n-dimensionale Würfel in k Teilwürfel zerlegt werden kann? Die Frage ist in mehreren Arbeiten positiv beantwortet worden aber der genaue Wert von $h(n)$ ist nur für $n = 2$ bewiesen, nämlich $h(2) = 6$ (siehe Hilfssatz 5.3.3a). Um die in vielen Arbeiten ohne Beweis angegebene Behauptung $h(3) = 48$ und die Vollständigkeit der Zahlenfolge A014544 zu beweisen, müssen die Aussagen (III) und (IV) nachgewiesen werden. Für (III) ist das mit einfachen Überlegungen möglich. Wir geben zwei Beispiele an:

a) $\{2, 3, 4, 5, 6, 7\} \cap S(\mathcal{W}) = \emptyset$: Der Würfel $\mathcal{W}$ hat 8 Eckpunkte. Wenn er in weniger als $k = 8$ Teilwürfel zerlegt wäre ($k > 1$), dann muss einer dieser Teilwürfel mindestens 2 der Ecken von $\mathcal{W}$ enthalten, was unmöglich ist. Damit ist (1') neu bestätigt.

b) $\{9, 10, 11, 12\} \cap S(\mathcal{W}) = \emptyset$: Wenn $\mathcal{W}$ in $k > 8$ Teilwürfel zerlegt ist, muss auf mindestens einer Seitenfläche von $\mathcal{W}$ eine Quadratzerlegung in $m > 4$ Teilquadrate induziert werden, nach Hilfssatz 5.3.3 also in mindestens $m = 6$. Da die zu diesen Quadraten gehörenden Teilwürfel die gegenüberliegende Seitenfläche von $\mathcal{W}$ nicht erreichen können und dort auch eine Quadratzerlegung mit mindestens 4 Teilquadraten vorliegen muss, ergibt eine genauere Überprüfung dieser Quadratzerlegungen und der notwendigen „Zwischenwürfel" $k > 12$.

Mit solchen Überlegungen gelingt den Autoren in dem mit didaktischen Hinweisen für Lehrer empfehlenswerten Artikel (Schupp und Ullrich 2005) im wesentlichen der Beweis von (III). Es bleibt also „nur noch" der Nachweis von (IV). Dafür genügt es aber, die Aussage

(V) $\{31, 32, 42, 44, 47\} \cap S(\mathcal{W}) = \emptyset$

zu beweisen, wie wir hier kurz skizzieren:

$$
\begin{aligned}
31 \notin S(\mathcal{W}) &\implies 31 - 7 = \mathbf{24} \notin S(\mathcal{W}), \\
32 \notin S(\mathcal{W}) &\implies 32 - 7 = \mathbf{25} \notin S(\mathcal{W}), \\
42 \notin S(\mathcal{W}) &\implies 42 - 7 = \mathbf{35} \notin S(\mathcal{W}), \\
&\implies 42 - 2 \cdot 7 = \mathbf{28} \notin S(\mathcal{W}), \\
&\implies 42 - 3 \cdot 7 = \mathbf{21} \notin S(\mathcal{W}), \\
44 \notin S(\mathcal{W}) &\implies 44 - 7 = \mathbf{37} \notin S(\mathcal{W}), \\
&\implies 44 - 2 \cdot 7 = \mathbf{30} \notin S(\mathcal{W}), \\
&\implies 44 - 3 \cdot 7 = \mathbf{23} \notin S(\mathcal{W}), \\
47 \notin S(\mathcal{W}) &\implies 47 - 7 = \mathbf{40} \notin S(\mathcal{W}), \\
&\implies 47 - 2 \cdot 7 = \mathbf{33} \notin S(\mathcal{W}), \\
&\implies 47 - 3 \cdot 7 = \mathbf{26} \notin S(\mathcal{W}).
\end{aligned}
$$

Für die Lösung des Hadwiger-Problems im 3-dimensionalen Fall ($h(3) = 48$) genügt sogar der immer noch fehlende Beweis dafür, dass $\mathcal{W}$ nicht in 47 Teilwürfel zerlegbar ist. Als provokativen Anreiz für Schüler und den Leser formulieren wir aber das folgende

Problem 13. *Gibt es eine Zerlegung des 3-dimensionalen Würfels in 31, 32, 42, 44 oder 47 Teilwürfel?*

5.5 Packungen und Überdeckungen

Wir schließen den Kreis unserer Betrachtungen zur elementaren Diskreten Geometrie indem wir zurückkommen auf die in 1.1 erwähnte „Geburtsurkunde" der Diskreten Geometrie, das Buch von László Fejes Tóth (1953). Dort werden gemäß dem Titel hauptsächlich spezielle Lagerungen von Punktmengen untersucht, nämlich *Packungen* und *Überdeckungen*. Wir erinnern an den in Definition 1.1.2 eingeführten Begriff der Lagerung: Eine Familie **M** von Punktmengen des euklidischen Raumes $\mathbb{R}^n$ heißt *Lagerung*, wenn **M** diskret ist, d. h. jeder Punkt $x \in \mathbb{R}^n$ besitzt eine Umgebung, die nur endlich viele Objekte aus **M** trifft. Im Folgenden betrachten wir bis auf eine Ausnahme ausschließlich *endliche* Lagerungen von n-dimensionalen *konvexen Körpern* – das sind konvexe kompakte Mengen im $\mathbb{R}^n$ mit inneren Punkten. Die Menge aller dieser Körper bezeichnen wir mit $\mathbf{K}^n$. Nun führen wir spezielle Lagerungen ein mit folgender

Definition 5.5.1. *a) Die Lagerung* $\mathbf{P}^n_m(\mathcal{K}, \mathcal{R}) :=$

$$\{\mathcal{K}_i : \mathcal{K}_i \cong \mathcal{K} \in \mathbf{K}^n \ (i = 1, \dots, m) \ \wedge \ int(\mathcal{K}_i \cap \mathcal{K}_j) = \emptyset \ (1 \leq i < ** j \leq m)\}$$

*heißt m-**Packung** von $\mathcal{K}$ in $\mathcal{R} \in \mathbf{K}^n$, wenn $\bigcup_{i=1}^m \mathcal{K}_i \subseteq \mathcal{R}$ gilt.*
b) Die Lagerung $\mathbf{U}^n_m(\mathcal{K}, \mathcal{R}) := \{\mathcal{K}_i : \mathcal{K}_i \cong \mathcal{K} \in \mathbf{K}^n \ (i = 1, \dots, m)\}$
*heißt m-**Überdeckung** von $\mathcal{R} \in \mathbf{K}^n$ mit $\mathcal{K}$, wenn $\mathcal{R} \subseteq \bigcup_{i=1}^m \mathcal{K}_i$ gilt.*

Aus der Fülle von in der Literatur der vergangenen Jahrzehnte behandelten Packungs-
und Überdeckungsproblemen in beliebigen Räumen beliebiger Dimension und allgemeiner Mengensysteme behandeln wir hier nur den einfachen Fall von endlichen
Packungen und Überdeckungen in der Ebene $\mathbb{R}^2$ und im Raum $\mathbb{R}^3$. Für die Praxis-
relevanz des Themas geben wir zwei Beispiele: Was ist die minimale Anzahl und
günstigste Verteilung von Funkmasten, um ein vorgegebenes Gebiet für den Han-
dyempfang optimal zu *überdecken*? Wie viele Objekte gleicher Größe und Form
kann man wie optimal in einen bestimmten Behälter *packen*? Für die mathematische Behandlung solcher Probleme wurden die Begriffe der Packungs- und Überdeckungsdichte eingeführt. Für den uns interessierenden endlichen Fall von Packungen
in einer vorgegebenen Menge $\mathcal{R} \in \mathbf{K}^n$ bzw. Überdeckungen von $\mathcal{R}$ erklären wir ein
solches „Maß" in Abhängigkeit vom n-dimensionalen Volumen V_n der beteiligten
Körper in der folgenden

Definition 5.5.2. *a) Für eine m-Packung $\mathbf{P}^n_m(\mathcal{K}, \mathcal{R})$ heißt*

$$\delta^n_m(\mathbf{P}^n_m(\mathcal{K}, \mathcal{R})) := \frac{m \cdot V_n(\mathcal{K})}{V_n(\mathcal{R})}$$

***Dichte** der m-Packung $\mathbf{P}^n_m(\mathcal{K}, \mathcal{R})$ und*
$\delta^n_m(\mathcal{K}) := \ max\{\delta^n_m(\mathbf{P}^n_m(\mathcal{K}, \mathcal{R})) : \mathbf{P}^n_m(\mathcal{K}, \mathcal{R}) ist \ m\text{-}Packung \ von \ \mathcal{K} \ in \ \mathcal{R} \wedge \mathcal{R} \in \mathbf{K}^n\}$
*heißt m-**Packungsdichte** von $\mathcal{K}$.*
b) Für eine m-Überdeckung $\mathbf{U}^n_m(\mathcal{K}, \mathcal{R})$ heißt

$$\vartheta^n_m(\mathbf{U}^n_m(\mathcal{K}, \mathcal{R})) := \frac{m \cdot V_n(\mathcal{K})}{V_n(\mathcal{R})}$$

***Dichte** der m-Überdeckung $\mathbf{U}^n_m(\mathcal{K}, \mathcal{R})$ und*
$\vartheta^n_m(\mathcal{K}) := \ min\{\vartheta^n_m(\mathbf{U}^n_m(\mathcal{K}, \mathcal{R})) : \mathbf{U}^n_m(\mathcal{K}, \mathcal{R}) \ ist \ m\text{-}Überdeckung \ von \ \mathcal{R} \ \wedge \ \mathcal{R} \in \mathbf{K}^n\}$
*heißt m-**Überdeckungsdichte** von $\mathcal{K}$.*

Wir erläutern diese Begriffe an zwei einfachen Beispielen in den Abb. 5.24 und 5.25,
in denen $\mathcal{D}$ ein gleichseitiges Dreieck mit der Seitenlänge 1 und damit dem Inhalt
$V_2(\mathcal{D}) = \frac{\sqrt{3}}{4}$ bezeichnet, $\mathcal{P}$ ein Parallelogramm mit den Seitenlängen 1 und 2 und $\mathcal{P}'$
ein Parallelogramm mit den Seitenlängen 1. Als Überdeckung betrachten wir zwei

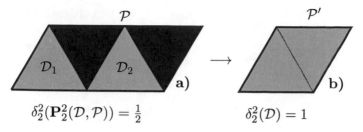

$$\delta_2^2(\mathbf{P}_2^2(\mathcal{D},\mathcal{P})) = \tfrac{1}{2} \qquad\qquad \delta_2^2(\mathcal{D}) = 1$$

Abb. 5.24 2-Packungen eines Dreiecks in Parallelogramme

Abb. 5.25 2-Überdeckung
eines Rechtecks mit zwei
Kreisen

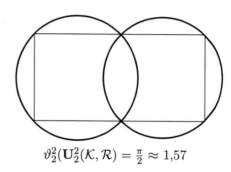

$$\vartheta_2^2(\mathbf{U}_2^2(\mathcal{K},\mathcal{R}) = \tfrac{\pi}{2} \approx 1{,}57$$

Kreise $\mathcal{K}_i$ mit dem Radius $\sqrt{2}$, die ein Rechteck $\mathcal{R}$ mit den Seitenlängen 2 und 4 überdecken.

Für m-Überdeckungen ist die Bestimmung des Minimums $\vartheta_m(\mathcal{K})$ im Allgemeinen noch ungelöst, da der größte konvexe Körper $\mathcal{R}$, der von m kongruenten Exemplaren eines Körpers $\mathcal{K}$ überdeckt werden kann, nicht so leicht charakterisiert werden kann wie der kleinste Körper $\mathcal{R}$, in dem eine m-Packung konvexer Körper $\mathcal{K}_i$ Platz findet, denn der ist einfach die konvexe Hülle $\mathrm{conv}(\bigcup_1^m \mathcal{K}_i)$. Wenn der Leser diese Dichtebegriffe erfasst hat, wird er einige einfache Eigenschaften derselben sofort verstehen, die wir zusammenfassen in folgendem

Hilfssatz 5.5.1. *a) Für die Dichte jeder m-Packung und jeder m-Überdeckung eines konvexen Körpers $\mathcal{R}$ mit $\mathcal{K}$ gilt*

$$(*)\ \delta_m(\mathbf{P}_m(\mathcal{K},\mathcal{R})) \le 1 \le \vartheta_m(\mathbf{U}_m(\mathcal{K},\mathcal{R})).$$

b) Eine m-Packung in $\mathcal{R}$, die zugleich eine m-Überdeckung von $\mathcal{R}$ ist, ist eine elementare Zerlegung bzw. Pflasterung von $\mathcal{R}$, für die in $(*)$ die Gleichheit gilt (vgl. Abb. 5.24b)).

Wenn wir statt des Körpers $\mathcal{R}$ als Bereich, in den $\mathcal{K}$ gepackt oder der mit $\mathcal{K}$ überdeckt werden soll, den ganzen Raum $\mathbb{R}^n$ zulassen, so wird $m = \infty$. Mit geeigneten Grenzprozessen lässt sich aber auch für diesen Fall ein Dichtebegriff einführen, worauf wir hier verzichten. Aber wir geben wenigstens die historisch ersten Ergebnisse in diesem Sinne an, nämlich die *dichteste Kreispackung* und die *dünnste Kreisüber-deckung* der euklidischen Ebene $\mathbb{R}^2$. Die erste Aussage geht auf eine Arbeit des norwegischen Mathematikers A. Thue aus dem Jahr 1890 zurück, die zweite wurde von dem amerikanischen Mathematiker R. Kershner im Jahre 1939 veröffentlicht. Wir formulieren diese „schönen" Sätze der Diskreten Geometrie in folgendem

Lemma 5.5.1. *a) Die Dichte der **dichtesten Kreispackung** in der euklidischen Ebene beträgt*

$$\delta = \frac{\pi}{\sqrt{12}} = 0,906899\ldots$$

*b) Die Dichte der **dünnsten Kreisüberdeckung** der euklidischen Ebene beträgt*

$$\vartheta = \frac{2\pi}{\sqrt{27}} = 1,2091995\ldots.$$

Diese Extremwerte haben ihren Grund in der Tatsache, dass die optimalen Packungen und Überdeckungen der Ebene mit Kreisen genau dann eintreten, wenn die entsprechenden Lagerungen gitterförmig sind. Die Mittelpunkte der Kreise bilden ein Gitter bzw. die Kreise einer solchen Packung liegen in einer regulären Pflasterung der Ebene und die Kreise einer solchen Überdeckung überdecken die regulären Polygone der Pflasterung. Mit Satz 5.3.1 haben wir bewiesen, dass es genau drei reguläre Pflas-terungen der euklidischen Ebene gibt. Unter diesen ist die Sechseckpflasterung in gewissem Sinn optimal: Das Verhältnis von Umfang zum Flächeninhalt ist minimal. Ein Umstand, den sich u. a. auch die Bienen beim Bau ihrer Honigwaben zunutze machen, und auch die extremen Packungen und Überdeckungen der Ebene durch kongruente Kreise beanspruchen das Sechseckgitter. Die entsprechende Packungs-dichte können wir leicht finden indem wir die 1-Dichte der 1-Packung $\mathbf{P}_1^2(\mathcal{K}_1, \mathcal{P}_6)$ berechnen, wobei $\mathcal{K}_1$ einen Kreis mit dem Radius r_1 bezeichnet und $\mathcal{P}_6$ das regu-läre 6-Eck, in welches der Kreis *optimal* eingebettet ist: Der Flächeninhalt $V_2(\mathcal{P}_6)$ des 6-Ecks setzt sich aus dem Inhalt der 6 zum regulären Dreieck $\triangle ABM$ kongru-enten Dreiecken zusammen (s. Abb. 5.26a)), deren Höhe gleich dem Radius r_1 ist:

$$V_2(\mathcal{P}_6) = 6 \cdot V_2(\triangle ABM) = 6 \cdot \tfrac{1}{2}|AB|r_1 = 6 \cdot \tfrac{1}{2} \cdot \tfrac{2r_1}{\sqrt{3}} \cdot r_1 = \tfrac{6r_1^2}{\sqrt{3}}. \text{ Damit wird}$$

$$\delta_1^2(\mathbf{P}_1^2(\mathcal{K}_1, \mathcal{P}_6)) = \frac{V_2(\mathcal{K}_1)}{V_2(\mathcal{P}_6)} = \frac{\pi r_1^2 \cdot \sqrt{3}}{6r_1^2} = \frac{\pi}{\sqrt{12}} = \delta.$$

Die analoge Berechnung des Wertes ϑ mit dem Umkreisradius $r_2 = |AB| =: a$ kann dem Leser überlassen werden. Ein Ausschnitt aus der dichtesten Kreispackung in der euklidischen Ebene war bereits in der Abb. 1.1 zu sehen. Einen entsprechenden Ausschnitt der dünnsten Kreisüberdeckung zeigt (Abb. 5.26b).

Nun aber zu den angekündigten endlichen Packungs- und Überdeckungsproble-men! Wir beschränken uns auf den für die Behandlung im Schulunterricht besonders geeigneten Fall von Kreisüberdeckungen bzw. -packungen. Die Beispiele können

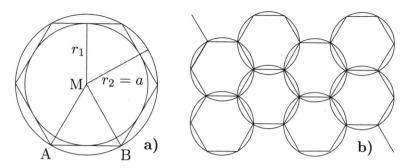

Abb. 5.26 Zur Packung und Überdeckung der Ebene mit Kreisen

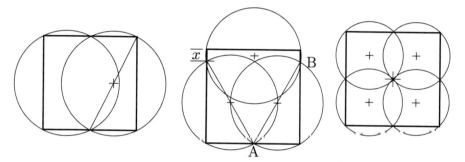

Abb. 5.27 Überdeckung des Quadrates mit 2, 3 und 4 Kreisen

eine reizvolle Belebung der Kreislehre sein. Wir beginnen mit der einfach erscheinenden Frage: Wie klein kann der Radius von m kongruenten Kreisen gewählt werden, damit diese noch ein Einheitsquadrat $\mathcal{Q}$ überdecken können. Dabei ist natürlich die Normierung des zu überdeckenden Quadrates auf Seitenlänge 1 keine wesentliche Einschränkung. Wir beginnen mit dem trivialen Fall $m = 1$, für den sich sofort der minimale Radius $r_1 = \frac{1}{2}\sqrt{2} \approx 0{,}707$ ergibt und damit für die „dünnste" Überdeckung des Quadrates $\mathcal{Q}$ mit einem Kreis die minimale Dichte $\vartheta_1^2(\mathcal{K}, \mathcal{Q}) = \pi \cdot r_1^2 = \frac{\pi}{2} \approx 1{,}571$.

Soll die Überdeckung des Quadrates $\mathcal{Q}$ mit $m = 2$ kongruenten Kreisen optimal (mit kleinstmöglichem Radius) erfolgen, darf keiner der beiden Kreise zwei verschiedene Seiten von $\mathcal{Q}$ überdecken, aber je eine muss überdeckt werden und diese können nicht benachbart sein. Damit ergibt sich die in Abb. 5.27 gezeigte Konfiguration: Die beiden Kreise müssen jeweils die Hälfte von $\mathcal{Q}$ überdecken, die sich als Rechtecke mit den Seitenlängen 1 und $\frac{1}{2}$ ergeben. Damit wird der minimal mögliche Radius $r_2 = \frac{\sqrt{5}}{4} \approx 0{,}559$ und die minimale Dichte $\vartheta_2^2(\mathcal{K}, \mathcal{Q}) = \frac{5\pi}{8} \approx 1{,}963$.

Für die optimale Überdeckung von $\mathcal{Q}$ mit $m = 3$ kongruenten Kreisen ergibt sich zwingend die in Abb. 5.27 gezeigte Konfiguration: Die beiden Kreise aus dem Fall $m = 2$ können verkleinert werden und die dann von ihnen nicht mehr überdeckte Quadratseite wird vom dritten Kreis überdeckt. Für den Durchmesser $d_3 = |AB|$ der 3 Kreise ergibt sich einmal die Gleichung $d_3^2 = |AB|^2 = (\frac{1}{2})^2 + (1-x)^2$ und für den

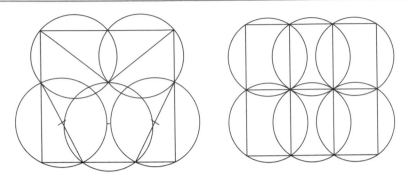

Abb. 5.28 Überdeckung des Quadrates mit 5 und 6 Kreisen

„dritten" Kreis $d_3^2 = x^2 + 1^2$. Daraus ergibt sich für die „Lücke" $x = \frac{1}{8}$ und somit für den Radius $r_3 = \frac{\sqrt{65}}{16} \approx 0{,}50389$ und die optimale Dichte $\vartheta_3^2(\mathcal{K}, \mathcal{Q}) = 3\pi r_3^2 \approx 2{,}393$.

Für $m = 4$ ist der minimale Wert für den Radius aus der Abb. 5.27 leicht zu erkennen mit $r_4 = \frac{\sqrt{2}}{4} \approx 0{,}35355$, woraus für die minimale Dichte der Überdeckung des Quadrates mit 4 Kreisen $\vartheta_4^2(\mathcal{K}, \mathcal{Q}) = \frac{\pi}{2} \approx 1{,}57$ folgt.

Der Nachweis für die dünnste Überdeckung von $\mathcal{Q}$ mit $m = 5$ Kreisen erfordert schon einen größeren Aufwand. Wir geben hier nur die von A. Zbinden (1974) beschriebene Lösung an. Aus Abb. 5.28 lässt sich die Gleichung

$$r^2 = \left(\frac{1}{2} - \sqrt{4r^2 - \left(1 - \sqrt{4r^2 - \frac{1}{4}}\right)^2} \right)^2 + \left(1 - \sqrt{4r^2 - \frac{1}{4}} - r\right)^2$$

herleiten mit der gesuchten Lösung $r_5 \approx 0{,}32616$, womit sich die minimale Dichte $\vartheta_5^2(\mathcal{K}, \mathcal{Q}) \approx 1{,}67102$ ergibt.

Für die Herleitung der dünnsten Überdeckung des Einheitsquadrates mit $m = 6$ Kreisen benötigt A. Zbinden (1977) bereits 23 Seiten mit dem Ergebnis $r_6 \approx 0{,}2987$ bzw. $\vartheta_6^2(\mathcal{K}, \mathcal{Q}) \approx 1{,}682$. Wir geben aber in Abb. 5.28 die für Schüler leichter zu findende schwächere Lösung an, die durch Zerlegung des Quadrates in sechs kongruente Rechtecke mit dem Seitenverhältnis $3 : 2$ entsteht, die durch Kreise mit dem minimalen Radius $r_6' = \frac{\sqrt{13}}{12} \approx 0{,}30046$ überdeckt werden können, was zu dem guten Näherungswert $\vartheta_6'(\mathcal{K}, \mathcal{Q}) \approx 1{,}7017$ für die Überdeckungsdichte führt.

Für $m > 6$ sind exakte Werte für die dünnsten Kreisüberdeckungen eines Quadrates weitgehend unbekannt. Wir formulieren deshalb folgendes

Problem 14. *Man bestimme die minimale Überdeckungsdichte $\vartheta_m^2(\mathcal{K}, \mathcal{Q})$ des Quadrates durch $m \geq 7$ kongruente Kreise.*

Im Gegensatz zu den wenigen exakten Ergebnissen für dünnste Kreisüberdeckungen des Quadrates gibt es eine umfangreiche Literatur zu dichten Kreispackungen im Quadrat. Es gibt eine bemerkenswerte Webseite (Specht 2021) der Universität

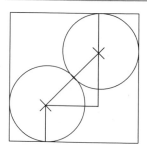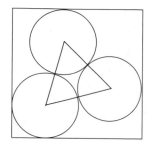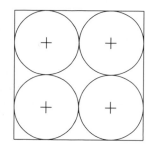

Abb. 5.29 Kreispackungen im Quadrat

Magdeburg, in der die neuesten Ergebnisse über Kreispackungen in allen möglichen Bereichen veröffentlicht werden. Mit Methoden der mathematischen Optimierung wurden z. B. Packungsdichten für m Kreise im Quadrat bis $m = 10.000$ berechnet und in einer Tabelle angegeben. Als optimale (dichteste) Packungen sind die Fälle mit $1 \leq m \leq 30$ und $m = 36$ bewiesen. Wir beschränken uns hier auf die für Schüler beweisbaren dichtesten Kreispackungen $\mathbf{P}_m^2(\mathcal{K}, \mathcal{Q})$ für $m = 1, 2, 3, 4$ (Abb. 5.29) mit den maximalen Radien r_m und der optimalen Dichte δ_m:

m	Maximaler Radius r_m	Maximale Dichte δ_m
1	0,5000000000…	0,7853981633…
2	0,2928932188…	0,5390120844…
3	0,2543330950…	0,6096448087…
4	0,2500000000…	0,7853981633…

Es war überraschend, dass die naheliegende Vermutung sich nicht bestätigt hat, dass für Quadratzahlen m immer die quadratgitterförmige Anordnung der Kreise im Quadrat die optimale ist wie in unserem Beispiel für $m = 2^2 = 4$. Das gilt nur für $m = 1, 4, 9, 16, 25, 36$. Abschließend erwähnen wir noch, dass die Frage nach der dichtesten Packung von m kongruenten Kreisen in einem endlichen Gebiet äquivalent ist zu der Frage nach der Verteilung von m Punkten in einem Gebiet, so dass der minimale Abstand zwischen ihnen möglichst groß wird.

Zu den berühmtesten mathematischen Problemen gehört die Frage nach der dichtesten Packung von *Kugeln* im dreidimensionalen euklidischen Raum $\mathbb{R}^3$. Die Geschichte des Problems beginnt „militärisch" als Ende des 16. Jahrhunderts ein englischer Seeoffizier den Mathematiker Thomas Harriot danach fragte wie Kanonenkugeln möglichst platzsparend (dicht!) auf einem Schiff untergebracht werden können. Durch den Briefwechsel zwischen Harriot und Johannes Kepler wurde dieser auf das Problem aufmerksam. Im Jahr 1611 veröffentlichte Kepler eine kleine Schrift in der damals üblichen lateinischen Sprache mit dem Titel „Strena Seu De Niue Sexangula" *(Neujahrsgeschenk oder über die sechseckige Schneeflocke)*. In diesem einem Freund Keplers gewidmeten Neujahrsgeschenk beschäftigt sich Kepler mit der in der Natur häufig vorkommenden 6-Symmetrie (Schneeflocke) und findet diese auch bei einer dichten Packung von (Kanonen-) Kugeln bei einer gitterförmigen Anordnung und er vermutet, dass die von ihm beschriebene Kugelpackung die

Abb. 5.30 Kanonenkugeln im Hof des Fürstenpalastes in Monaco

dichteste ist. Das ist die sogenannte *Keplersche Vermutung*. Und noch heute werden Kanonenkugeln (aber auch Apfelsinen in der Obsthandlung!) nach diesem Prinzip gestapelt (s. Abb. 5.30), weshalb diese Kugelpackung auch den Namen „Kanonen-kugelpackung" trägt.

Um einen Beweis für die Keplersche Vermutung begann ein dreihundertjähriges Ringen. 1831 bewies Gauß, dass unter allen möglichen regelmäßigen (gitterförmi-gen) Anordnungen kongruenter Kugeln die Keplersche Kanonenkugelpackung die dichteste ist. Dass es aber keine andere eventuell nicht gitterförmige Anordnung mit größerer Dichte gibt, wurde erst Anfang unseres Jahrhunderts durch Hales und Ferguson unter Computernutzung bewiesen, weshalb es einige Diskussionen um die Glaubwürdigkeit bzw. Nachvollziehbarkeit des Beweises gab. Inzwischen wird aber dieser Beweis der Keplerschen Vermutung anerkannt. Zur Entwicklung der Beweis-problematik verweisen wir auf das Buch (Lagarias 2011).

Eine Konstruktion der Kanonenkugelpackung kann leicht erfolgen durch Anord-nung einer ersten Schicht von Kugeln deren Mittelpunkte in der Ebene ein Quadrat-gitter bilden, auf diese wird eine kongruente Schicht in die „Lücken" aufgelegt und so fort – vgl. Abb. 5.31b), wo das pyramidenförmig dargestellt ist und man durch die helleren Kugeln eine auftretende Sechssymmetrie erkennen kann. In dieser Ebene durch die Kugelmittelpunkte findet sich die dichteste Kreispackung der Ebene wie-der. Schwieriger ist zu erkennen, dass durch die Mittelpunkte geeigneter Kugeln der Packung die Ecken eines Würfels W so gelegt werden können, dass sich also in den 8 Würfelecken die Mittelpunkte je einer Kugel und in den Mittelpunkten der 6 Sei-tenflächen von W ebenfalls je ein Kugelmittelpunkt befindet (vgl. Abb. 5.31a)). In der Kristallographie heißt dieses Gitter der Kugelmittelpunkte deshalb auch *kubisch flächenzentriert*. Damit lässt sich auf einfache Weise die Packungsdichte berechnen: Aus dem Würfel W, den wir ohne Beschränkung der Allgemeinheit mit Kanten-länge 1 annehmen, schneiden die 8 Kugeln in den Ecken jeweils den Raum einer Achtelkugel aus, was in der Summe dem Volumen einer Vollkugel entspricht, und die Kugeln mit Mittelpunkt in den 6 Seitenflächen von W schneiden aus W jeweils den Raum einer Halbkugel aus, was dem Volumen von 3 Vollkugeln entspricht. Ins-gesamt wird aus dem Volumen 1 des Einheitswürfels also der Raum von 4 Kugeln mit dem Radius $r = \frac{\sqrt{2}}{4}$ überdeckt. Der Wert für r ergibt sich aus der Tatsache, dass sich in der Diagonale einer Würfelseitenfläche 3 Kugel anordnen. Für die Dichte der dichtesten Kugelpackung im Raum ergibt sich also

$$\delta = \frac{\pi}{\sqrt{18}} = 0{,}7404804\ldots.$$

Wer sich in die Struktur der Kanonenkugelpackung etwas hineingedacht hat wird vielleicht auch ein weiteres Phänomen erkennen, dass nämlich jede Kugel in der Packung von genau 12 anderen berührt wird. Bei unserer Konstruktion hat jede Kugel in ihrer Schicht genau 4 solche berührenden Nachbarn, aus der darunter und darüber liegenden Schicht ebenfalls, insgesamt also $3 \cdot 4 = 12$. Man erkennt aber auch, dass dabei noch Lücken bleiben, durch welche die innere Kugel noch sichtbar bleibt – es ist noch „Luft", so dass bei einer geeigneten Anlagerung von berührenden Kugeln vielleicht noch eine weitere Platz findet. Über dieses Problem hat sich im Jahre 1694 wohl ein Streit entwickelt zwischen Isaac Newton und dem von ihm eigentlich geförderten Mathematikerkollegen David Gregory. Letzterer behauptete, dass an eine Kugel 13 kongruente Kugeln ohne Überschneidung angelegt werden können, während Newton auf der Zahl 12 beharrte. Dass Newton damit richtig lag, wurde aber erst vollständig und korrekt im Jahre 1953 durch Schütte und van der Waerden bewiesen. In Anlehnung an diese Historie hat L. Fejes Thóth (zunächst wohl für die Dimension $n = 2$) die maximale Anzahl $N_n(\mathcal{K})$ von zu einem konvexen Körper $\mathcal{K}$ kongruenten Körpern, welche $\mathcal{K}$ berühren können, als *Newtonsche Zahl* bezeichnet. Auch um eine Verwechslung mit der in der Strömungslehre vorkommenden Newtonzahl Ne zu vermeiden, wird der Wert $N_n(\mathcal{K})$ in der heutigen meist englischsprachigen Fachliteratur als *kissing number* (Kusszahl, Berührungszahl) bezeichnet. Es gibt eine Vielzahl von Arbeiten, die sich mit der Bestimmung von $N_n(\mathcal{K})$ für alle möglichen Körper $\mathcal{K}$ und Dimensionen n befassen. Für den Schulunterricht eignet sich sehr gut die Frage nach der maximalen Berührungsanzahl für z. B. reguläre Polygone. Für den Kreis $\mathcal{K}$ erkennt man leicht den Wert $N_2(\mathcal{K}) = 6$ und für die Kugel im $\mathbb{R}^3$ wissen wir seit Newton $N_3(\mathcal{K}) = 12$. Es ist für den Nichtfachmann höchst überraschend, dass für Kugeln der Dimensionen $n > 3$ lediglich die Werte $N_4(\mathcal{K}) = 24$, $N_8(\mathcal{K}) = 240$ und $N_{24}(\mathcal{K}) = 196.560$ bekannt sind während für alle anderen Dimensionen nur gewisse Schranken angegeben werden konnten.

Ein anderes ungelöstes Problem aus dem Gebiet der Kugelpackungen bereits im gewöhnlichen euklidische Raum $\mathbb{R}^3$ ist die Frage nach der Minimalzahl $H_3(\mathcal{K})$ von zu $\mathcal{K}$ kongruenten Kugeln, welche diese „verdecken" – jeder vom Mittelpunkt der Kugel $\mathcal{K}$ ausgehende Strahl trifft wenigstens eine der Verdeckungskugeln. Offensichtlich ist $H_2(\mathcal{K}) = 6$. Für $n = 3$ sind jedoch lediglich die Schranken $30 \leq H_3(\mathcal{K}) \leq 42$ bekannt.

Die Frage nach der Dichte (*unendlicher*) Kugelpackungen ist nicht nur von innermathematischem Interesse, etwa in der Zahlentheorie, sondern auch für viele Anwendungen z. B. in der Kristallographie und der Codierungstheorie. Abschließend wollen wir noch ein interessantes *endliches* Packungsproblem behandeln, wobei wir uns zur Vereinfachung wieder auf Kugelpackungen beschränken. Wir fragen nach

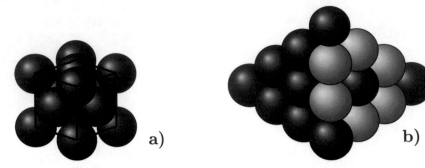

Abb. 5.31 Dichteste Kugelpackung im $\mathbb{R}^3$

dem kleinsten konvexen „Gefäß" in welches m kongruente Kugeln *gepackt* werden können. Dazu erinnern wir an die Definition 5.5.2 der Packungsdichte. Dann wird klar, dass sich die Dichte einer beliebigen Packung von m n-dimensionalen Kugeln $\mathcal{K}_i \cong \mathcal{K}$ errechnet, wenn für den konvexen Körper $\mathcal{R}$, in den die Kugeln eingelagert sind, die konvexe Hülle der Kugelmenge gewählt wird:

$$(*) \qquad \delta_m^n(\mathcal{K}) := \frac{m \cdot V_n(\mathcal{K})}{\text{conv}\left(\bigcup_1^m \mathcal{K}_i \right)}.$$

Der maximal mögliche Wert von $\delta_m^n(\mathcal{K})$ hängt dann also von der Art der Anordnung der Kugeln ab. Zur Einstimmung beginnen wir mit der Dichteberechnung von Kreispackungen in der Ebene – einer Aufgabe für Schüler der Mittelstufe! Für zwei Einheitskreise ist die dichteste Anordnung offensichtlich, sie müssen sich berühren. Dann ist die konvexe Hülle dieser Packung ein Quadrat der Seitenlänge 2, das an zwei gegenüberliegenden Seiten von je einem Halbkreis „abgerundet" wird, so dass sich für den Flächeninhalt dieser konvexen Hülle $V_2(\text{conv}(\mathcal{K}_1 \cup \mathcal{K}_2)) = 4 + \pi r^2 = 4 + \pi$ ergibt. Damit wird die (maximale) Dichte einer Zweierpackung von Kreisen (vgl. Abb. 5.32)

$$\delta_2^2(\mathcal{K}) = \frac{2 \cdot V_2(\mathcal{K})}{4 + \pi} = \frac{2\pi}{4 + \pi} = 0{,}87980\dots .$$

Bereits für $m = 3$ Kreise gibt es verschiedene Anordnungsmöglichkeiten dichter Kreislagerungen. Zunächst die lineare Anordnung wie im Fall $m = 2$, dann aber auch eine ebene Anordnung. Die Dichte im ersten Fall berechnet sich analog zum Fall $m = 2$. Für die dreieckige Anordnung ergibt sich die Dichte nach unserer Formel $(*)$ durch Berechnung der konvexen Hülle, die hier aus einem gleichseitigen Dreieck $\mathcal{D}$ der Seitenlänge 2, drei Rechtecken $\mathcal{R}$ mit den Seitenlängen 1 und 2 und aus drei Kreissektoren $\mathcal{S}_\alpha$ des Einheitskreises mit dem Öffnungswinkel $\alpha = 120°$ besteht (vgl. Abb. 5.33):

$$\delta = \frac{3 \cdot V_2(\mathcal{K})}{V_2(\mathcal{D}) + 3V_2(\mathcal{R}) + 3V_2(\mathcal{S}_\alpha)} = \frac{3\pi}{\sqrt{3} + 3 \cdot 2 + 3 \cdot \frac{\pi}{3}} = 0{,}866754\dots .$$

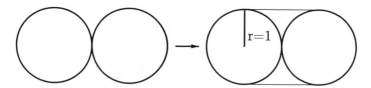

Abb. 5.32 Dichteste Packung zweier Kreise

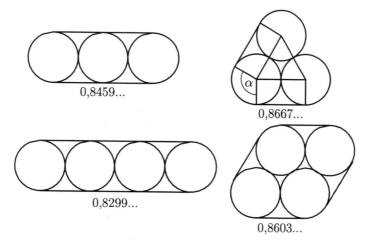

Abb. 5.33 Dichte Packungen von 3 und 4 Kreisen

Für $m = 4$ verlaufen die Rechnungen analog. In beiden Fällen $m = 3$ und $m = 4$ zeigt sich, dass die Dichte der Kreispackungen im „nichtlinearen" Fall größer wird.

Das höchst überraschende Phänomen ist aber, dass ab der Dimension $n = 3$ dem nicht mehr so ist! Die lineare Anordnung der sich berührenden Kugeln (ihre Mittelpunkte liegen auf einer Geraden) heißt nach L. Fejes Tóth anschaulich „Wurst". Die übrigen möglichen Anordnungen nennen wir hier „Cluster". Die Dichteberechnung für kleine Anzahlen m von Kugeln ist elementar möglich. Wir geben die Werte für $m = 3, 4$ in der Abb. 5.34 an und stellen fest, dass die Dichte δ_w der Wurstpackung immer am größten ist. Das bleibt so bis zur Kugelanzahl $m = 55$. Dann tritt die sogenannte *Wurstkatastrophe* ein, indem es für 56 Kugeln eine dichtere Clusterpackung gibt als die wurstförmige. Auch im vierdimensionalen Raum tritt dieses Phänomen ein. László Fejes Tóth stellte aber 1975 die berühmte „Wurstvermutung" auf: Für alle Dimensionen $n \geq 5$ ist die Wurstpackung stets die dichteste. 1998 konnten Betke und Henk die Richtigkeit dieser Vermutung für alle Dimensionen $n \geq 42$ beweisen. Mehr zu Geschichte und Anwendung von Kugelpackungen findet sich in dem Übersichtsartikel (Wills 2003). Es bleibt als unser letztes das folgende

Problem 15. *Gilt die Wurstvermutung auch für Dimensionen n mit $5 \leq n \leq 41$?*

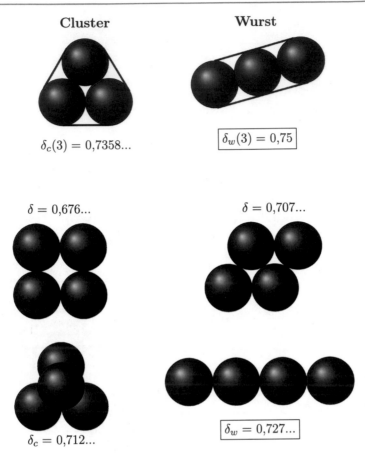

Cluster

$$\delta_c(3) = 0{,}7358\ldots$$

Wurst

$$\boxed{\delta_w(3) = 0{,}75}$$

$$\delta = 0{,}676\ldots$$

$$\delta = 0{,}707\ldots$$

$$\delta_c = 0{,}712\ldots$$

$$\boxed{\delta_w = 0{,}727\ldots}$$

Abb. 5.34 Dichte Packungen von 3 und 4 Kugeln im $\mathbb{R}^3$

Literatur

Blind, R., Shephard, G.C.: Finite edge-to-edge tilings by convex polygons. Mathematika **48**, 25–50 (2001)

Duijvestijn, A.J.W.: Simple perfect squared square of lowest order. Journ. of comb. Theory B **25**, 240–243 (1978)

Fejes Tóth, L.: Lagerungen in der Ebene, auf der Kugel und im Raum. Springer, Berlin (1953)

Grünbaum, B., Shephard, G.C.: Tilings and Patterns. W. H. Freeman and Comp, New York (1987)

Guy, R.K.: Monthly research problems. Amer. Math. Mon. **84**, 809–810 (1977)

Hertel, E.: Disjunkte Pflasterungen konvexer Körper. Studia. Sci. Math. Hung. **21**, 379–386 (1986)

Hertel, E.: Zerlegung von Polygonen. Beitr. Algebra Geom. **29**, 219–231 (1989)

Hertel, E.: Zur Affingeometrie konvexer Polygone. Jenaer Schriften zur Mathematik und Informatik, Math/Inf/00/22, 26 S. http://www.minet.uni-jena.de/Math-Net/reports/shadows/00-09report.html (2000)

Hertel, E., Richter, C.: Tiling convex polygons with congruent equilateral triangles. Discrete Comput. Geom. **51**, 753–759 (2014)

Kiss, G., Laczkovich, M.: Decomposition of balls into congruent pieces. Mathematika **57**, 89–107 (2010)

Lagarias, J.C. (Hrsg.): The Kepler Conjecture – The Hales-Ferguson Proof. Springer, New York (2011)

Osburg, I.: Selbstähnliche Polyeder. Dissertation, Fakultät für Mathematik und Informatik, Friedrich-Schiller-Univ. Jena. http://www.db-thueringen.de/servlets/DocumentServlet?id=3580 (2004)

Müller, C.: Perfect squared squares. Forschungsergebnisse Fr.-Schiller-Univ. Jena, N/89/26 (1989)

Schupp, H., Ullrich, P.: Zerlegen bringt Segen. Math. Semesterber. **52**, 9–2 (2005)

Sloane, N.J.A.: Sequence A014544. In: The On-Line Encyclopedia of Integer Sequences. https://oeis.org (2021). Zugegriffen: 11. Aug. 2021

Snover, S., Waiveris, C., Williams, J.K.: Rep-tiling for triangles. Discr. Math. **91**, 193–200 (1991)

Specht, E.: Packomania. http://www.packomania.com (2021). Zugegriffen: 11. Aug. 2021

Sprague, R.: Beispiel einer Zerlegung des Quadrats in lauter verschiedene Quadrate. Mat. Z. **45**, 607–608 (1939)

Stein, S.; Szabó, S.: Algebra and Tiling – Homomorphisms in the Service of Geometry. The Mathematical Association of America, Washington (1994)

Tuza, Z.: Dissection into equilateral triangles. Elem. Math. **46**, 153–158 (1991)

Uskin, Z., Wayment, S.G.: Partitioning a triangle into 5 triangles similar to it. Math. Mag. **45**, 37–42 (1972)

Wagon, S.: Partitioning intervals, spheres and balls into congruent pieces. Canad. Math. Bull. **26**, 337–340 (1983)

Wills, J.M.: Kepler, Kugeln, Cluster, Katastrophen. Math. Semesterber. **50**, 95–109 (2003)

Yuan, L., Zamfirescu, C., Zamfirescu, T.: Dissecting the square into five congruent parts. Discr. Math. **339**, 288–298 (2016)

Zbinden, A.: Lösung des Problems 692A. El. Math. **29**, 50–51 (1974)

Zbinden, A.: Überdeckung eines Quadrates durch 6 kongruente Kreise. El. Math. **32**, 25–48 (1977)

Stichwortverzeichnis

Printed in the United States
by Baker & Taylor Publisher Services